内蒙古自治区应对气候变化及低碳发展专项资金预算绩效管理指南

内蒙古自治区生态环境低碳发展中心　主编

中国环境出版集团·北京

图书在版编目（CIP）数据

内蒙古自治区应对气候变化及低碳发展专项资金预算绩效管理指南 / 内蒙古自治区生态环境低碳发展中心主编. —北京：中国环境出版集团，2022.7

ISBN 978-7-5111-5211-4

Ⅰ.①内… Ⅱ.①内… Ⅲ.①环境保护管理—低碳发展—指南 ②资金—预算管—指南 Ⅳ.①F407.906-60

中国版本图书馆 CIP 数据核字（2022）第 113489 号

出 版 人	武德凯	
责任编辑	易 萌	
责任校对	薄军霞	
封面设计	彭 杉	

出版发行　中国环境出版集团
　　　　　（100062　北京市东城区广渠门内大街 16 号）
　　　　　网　　　址：http://www.cesp.com.cn
　　　　　电子邮箱：bjgl@cesp.com.cn
　　　　　联系电话：010-67112765（编辑管理部）
　　　　　　　　　　010-67112739（第三分社）
　　　　　发行热线：010-67125803，010-67113405（传真）
印　　刷　北京市联华印刷厂
经　　销　各地新华书店
版　　次　2022 年 7 月第 1 版
印　　次　2022 年 7 月第 1 次印刷
开　　本　787×1092　1/16
印　　张　9
字　　数　165 千字
定　　价　56.00 元

中国环境出版集团郑重承诺：
中国环境出版集团合作的印刷单位、材料单位均具有中国环境标志产品认证。

编 委 会

前　言

为积极推动绿色低碳发展，降低碳排放强度，确保完成应对气候变化工作任务，内蒙古自治区设立应对气候变化及低碳发展专项资金，用于支持应对气候变化及低碳发展基础研究、能力体系建设及试点示范项目等内容。按照《中共中央　国务院关于全面实施预算绩效管理的意见》（中发〔2018〕34 号）的要求，应完善应对气候变化及低碳发展专项资金绩效目标管理，做好绩效运行监控和绩效评价，提高专项资金使用效益。

作为一直致力于应对气候变化与低碳发展领域的研究机构，内蒙古自治区生态环境低碳发展中心编写了《内蒙古自治区应对气候变化及低碳发展专项资金预算绩效管理指南》，汇集了内蒙古自治区应对气候变化及低碳发展专项资金预算绩效管理领域最新的部门规章和规范性文件，同时兼顾了《中华人民共和国预算法》等法律制度，内容翔实、权威、全面，是从业人员、理论工作者和专项资金监督人员必备的案头工作书。

中国环境出版集团在出版过程中提供了大量帮助，谨此致谢！

目 录

中共中央 国务院关于全面实施预算绩效管理的意见（中发〔2018〕34 号）

（2018 年 9 月 1 日）··· 1

关于印发《中央对地方专项转移支付绩效目标管理暂行办法》的通知（财预

〔2015〕163 号）··· 7

关于贯彻落实《中共中央 国务院关于全面实施预算绩效管理的意见》的通知

（财预〔2018〕167 号）··· 31

财政部关于印发《项目支出绩效评价管理办法》的通知（财预〔2020〕10 号）······ 35

内蒙古自治区财政厅 生态环境厅关于印发《内蒙古自治区应对气候变化及低碳

发展专项资金管理办法》的通知（内财资环〔2020〕1233 号）····················· 49

内蒙古自治区人民政府办公厅关于印发《内蒙古自治区项目支出绩效评价管理办法》的

通知（内政办发〔2021〕5 号）·· 54

内蒙古自治区财政厅关于印发《内蒙古自治区本级部门预算绩效目标管理办法》

的通知（内财预〔2016〕1822 号）··· 70

内蒙古自治区财政厅关于印发《内蒙古自治区关于全面实施预算绩效管理的实施

意见》的通知（内财监〔2019〕1343 号）··· 98

内蒙古自治区财政厅关于印发《内蒙古自治区本级财政支出绩效监控管理办法》
　　的通知（内财监规〔2021〕4号）‥‥‥‥‥‥‥‥‥‥‥‥‥‥‥‥‥‥‥‥104

内蒙古自治区财政厅关于印发《内蒙古自治区预算绩效管理信息公开管理办法》
　　的通知（内财监规〔2021〕5号）‥‥‥‥‥‥‥‥‥‥‥‥‥‥‥‥‥‥‥‥113

内蒙古自治区财政厅关于印发《内蒙古自治区本级财政支出事前绩效评估管理办法》
　　的通知（内财监规〔2021〕6号）‥‥‥‥‥‥‥‥‥‥‥‥‥‥‥‥‥‥‥‥118

中共中央 国务院关于
全面实施预算绩效管理的意见

中发〔2018〕34号

（2018年9月1日）

全面实施预算绩效管理是推进国家治理体系和治理能力现代化的内在要求，是深化财税体制改革、建立现代财政制度的重要内容，是优化财政资源配置、提升公共服务质量的关键举措。为解决当前预算绩效管理存在的突出问题，加快建成全方位、全过程、全覆盖的预算绩效管理体系，现提出如下意见。

一、全面实施预算绩效管理的必要性

党的十八大以来，在以习近平同志为核心的党中央坚强领导下，各地区各部门认真贯彻落实党中央、国务院决策部署，财税体制改革加快推进，预算管理制度持续完善，财政资金使用绩效不断提升，对我国经济社会发展发挥了重要支持作用。但也要看到，现行预算绩效管理仍然存在一些突出问题，主要是：绩效理念尚未牢固树立，一些地方和部门存在重投入轻管理、重支出轻绩效的意识；绩效管理的广度和深度不足，尚未覆盖所有财政资金，一些领域财政资金低效无效、闲置沉淀、损失浪费的问题较为突出，克扣挪用、截留私分、虚报冒领的问题时有发生；绩效激励约束作用不强，绩效评价结果与预算安排和政策调整的挂钩机制尚未建立。

当前，我国经济已由高速增长阶段转向高质量发展阶段，正处在转变发展方式、优化经济结构、转换增长动力的攻关期，建设现代化经济体系是跨越关口的迫切要求和我国发展的战略目标。发挥好财政职能作用，必须按照全面深化改革的要求，加快建立现代财政制度，建立全面规范透明、标准科学、约束有力的预算制度，以全面实施预算绩效管理为关键点和突破口，解决好绩效管理中存在的突出问题，推动财政资金聚力增效，提高公共服务供给质量，增强政府公信力和执行力。

二、总体要求

（一）指导思想。以习近平新时代中国特色社会主义思想为指导，全面贯彻党的十九大和十九届二中、三中全会精神，坚持和加强党的全面领导，坚持稳中求进工作总基调，坚持新发展理念，紧扣我国社会主要矛盾变化，按照高质量发展的要求，紧紧围绕统筹推进"五位一体"总体布局和协调推进"四个全面"战略布局，坚持以供给侧结构性改革为主线，创新预算管理方式，更加注重结果导向、强调成本效益、硬化责任约束，力争用 3～5 年时间基本建成全方位、全过程、全覆盖的预算绩效管理体系，实现预算和绩效管理一体化，着力提高财政资源配置效率和使用效益，改变预算资金分配的固化格局，提高预算管理水平和政策实施效果，为经济社会发展提供有力保障。

（二）基本原则

——坚持总体设计、统筹兼顾。按照深化财税体制改革和建立现代财政制度的总体要求，统筹谋划全面实施预算绩效管理的路径和制度体系。既聚焦解决当前最紧迫问题，又着眼健全长效机制；既关注预算资金的直接产出和效果，又关注宏观政策目标的实现程度；既关注新出台政策、项目的科学性和精准度，又兼顾延续政策、项目的必要性和有效性。

——坚持全面推进、突出重点。预算绩效管理既要全面推进，将绩效理念和方法深度融入预算编制、执行、监督全过程，构建事前事中事后绩效管理闭环系统，又要突出重点，坚持问题导向，聚焦提升覆盖面广、社会关注度高、持续时间长的重大政策、项目的实施效果。

——坚持科学规范、公开透明。抓紧健全科学规范的管理制度，完善绩效目标、绩效监控、绩效评价、结果应用等管理流程，健全共性的绩效指标框架和分行业领域的绩效指标体系，推动预算绩效管理标准科学、程序规范、方法合理、结果可信。大力推进绩效信息公开透明，主动向同级人大报告、向社会公开，自觉接受人大和社会各界监督。

——坚持权责对等、约束有力。建立责任约束制度，明确各方预算绩效管理职责，清晰界定权责边界。健全激励约束机制，实现绩效评价结果与预算安排和政策调整挂钩。增强预算统筹能力，优化预算管理流程，调动地方和部门的积极性、主动性。

三、构建全方位预算绩效管理格局

（三）实施政府预算绩效管理。将各级政府收支预算全面纳入绩效管理。各级政府预算收入要实事求是、积极稳妥、讲求质量，必须与经济社会发展水平相适应，严格落实各项减税降费政策，严禁脱离实际制定增长目标，严禁虚收空转、收取过头税费，严禁超出限额举借政府债务。各级政府预算支出要统筹兼顾、突出重点、量力而行，着力支持国家重大发展战略和重点领域改革，提高保障和改善民生水平，同时不得设定过高民生标准和擅自扩大保障范围，确保财政资源高效配置，增强财政可持续性。

（四）实施部门和单位预算绩效管理。将部门和单位预算收支全面纳入绩效管理，赋予部门和资金使用单位更多的管理自主权，围绕部门和单位职责、行业发展规划，以预算资金管理为主线，统筹考虑资产和业务活动，从运行成本、管理效率、履职效能、社会效应、可持续发展能力和服务对象满意度等方面，衡量部门和单位整体及核心业务实施效果，推动提高部门和单位整体绩效水平。

（五）实施政策和项目预算绩效管理。将政策和项目全面纳入绩效管理，从数量、质量、时效、成本、效益等方面，综合衡量政策和项目预算资金使用效果。对实施期超过一年的重大政策和项目实行全周期跟踪问效，建立动态评价调整机制，政策到期、绩效低下的政策和项目要及时清理退出。

四、建立全过程预算绩效管理链条

（六）建立绩效评估机制。各部门各单位要结合预算评审、项目审批等，对新出台重大政策、项目开展事前绩效评估，重点论证立项必要性、投入经济性、绩效目标合理性、实施方案可行性、筹资合规性等，投资主管部门要加强基建投资绩效评估，评估结果作为申请预算的必备要件。各级财政部门要加强新增重大政策和项目预算审核，必要时可以组织第三方机构独立开展绩效评估，审核和评估结果作为预算安排的重要参考依据。

（七）强化绩效目标管理。各地区各部门编制预算时要贯彻落实党中央、国务院各项决策部署，分解细化各项工作要求，结合本地区本部门实际情况，全面设置部门和单位整体绩效目标、政策及项目绩效目标。绩效目标不仅要包括产出、成本，还要包括经济效益、社会效益、生态效益、可持续影响和服务对象满意度等绩效指标。各级财政部门要将绩效目标设置作为预算安排的前置条件，加强绩效目标审核，将绩效目标与预算同步批复下达。

（八）做好绩效运行监控。各级政府和各部门各单位对绩效目标实现程度和预算执行进度实行"双监控"，发现问题要及时纠正，确保绩效目标如期保质保量实现。各级财政部门建立重大政策、项目绩效跟踪机制，对存在严重问题的政策、项目要暂缓或停止预算拨款，督促及时整改落实。各级财政部门要按照预算绩效管理要求，加强国库现金管理，降低资金运行成本。

（九）开展绩效评价和结果应用。通过自评和外部评价相结合的方式，对预算执行情况开展绩效评价。各部门各单位对预算执行情况以及政策、项目实施效果开展绩效自评，评价结果报送本级财政部门。各级财政部门建立重大政策、项目预算绩效评价机制，逐步开展部门整体绩效评价，对下级政府财政运行情况实施综合绩效评价，必要时可以引入第三方机构参与绩效评价。健全绩效评价结果反馈制度和绩效问题整改责任制，加强绩效评价结果应用。

五、完善全覆盖预算绩效管理体系

（十）建立一般公共预算绩效管理体系。各级政府要加强一般公共预算绩效管理。收入方面，要重点关注收入结构、征收效率和优惠政策实施效果。支出方面，要重点关注预算资金配置效率、使用效益，特别是重大政策和项目实施效果，其中转移支付预算绩效管理要符合财政事权和支出责任划分规定，重点关注促进地区间财力协调和区域均衡发展。同时，积极开展涉及一般公共预算等财政资金的政府投资基金、主权财富基金、政府和社会资本合作（PPP）、政府采购、政府购买服务、政府债务项目绩效管理。

（十一）建立其他政府预算绩效管理体系。除一般公共预算外，各级政府还要将政府性基金预算、国有资本经营预算、社会保险基金预算全部纳入绩效管理，加强"四本预算"之间的衔接。政府性基金预算绩效管理，要重点关注基金政策设立延续依据、征收标准、使用效果等情况，地方政府还要关注其对专项债务的支撑能力。国有资本经营预算绩效管理，要重点关注贯彻国家战略、收益上缴、支出结构、使用效果等情况。社会保险基金预算绩效管理，要重点关注各类社会保险基金收支政策效果、基金管理、精算平衡、地区结构、运行风险等情况。

六、健全预算绩效管理制度

（十二）完善预算绩效管理流程。围绕预算管理的主要内容和环节，完善涵盖绩效目标管理、绩效运行监控、绩效评价管理、评价结果应用等各环节的管理流程，制定预算绩效管理制度和实施细则。建立专家咨询机制，引导和规范第三方机构参与预算绩效管理，严格执业质量监督管理。加快预算绩效管理信息化建设，打破"信息孤岛"和"数据烟囱"，促进各级政府和各部门各单位的业务、财务、资产等信息互联互通。

（十三）健全预算绩效标准体系。各级财政部门要建立健全定量和定性相结合的共性绩效指标框架。各行业主管部门要加快构建分行业、分领域、分层次的核心绩效指标和标准体系，实现科学合理、细化量化、可比可测、动态调整、共建共享。绩效指标和标准体系要与基本公共服务标准、部门预算项目支出标准等衔接匹配，突出结果导向，重点考核实绩。创新评估评价方法，立足多维视角和多元数据，依托大数据分析技术，运用成本效益分析法、比较法、因素分析法、公众评判法、标杆管理法等，提高绩效评估评价结果的客观性和准确性。

七、硬化预算绩效管理约束

（十四）明确绩效管理责任约束。按照党中央、国务院统一部署，财政部要完善绩效管理的责任约束机制，地方各级政府和各部门各单位是预算绩效管理的责任主体。地方各级党委和政府主要负责同志对本地区预算绩效负责，部门和单位主要负责同志对本部门本单位预算绩效负责，项目责任人对项目预算绩效负责，对重大项目的责任人实行绩效终身责任追究制，切实做到花钱必问效、无效必问责。

（十五）强化绩效管理激励约束。各级财政部门要抓紧建立绩效评价结果与预算安排和政策调整挂钩机制，将本级部门整体绩效与部门预算安排挂钩，将下级政府财政运行综合绩效与转移支付分配挂钩。对绩效好的政策和项目原则上优先保障，对绩效一般的政策和项目要督促改进，对交叉重复、碎片化的政策和项目予以调整，对低效无效资金一律削减或取消，对长期沉淀的资金一律收回并按照有关规定统筹用于亟须支持的领域。

八、保障措施

（十六）加强绩效管理组织领导。坚持党对全面实施预算绩效管理工作的领导，充分发挥党组织的领导作用，增强把方向、谋大局、定政策、促改革的能力和定力。财政部要加强对全面实施预算绩效管理工作的组织协调。各地区各部门要加强对本地区本部门预算绩效管理的组织领导，切实转变思想观念，牢固树立绩效意识，结合实际制定实施办法，加强预算绩效管理力量，充实预算绩效管理人员，督促指导有关政策措施落实，确保预算绩效管理延伸至基层单位和资金使用终端。

（十七）加强绩效管理监督问责。审计机关要依法对预算绩效管理情况开展审计监督，财政、审计等部门发现违纪违法问题线索，应当及时移送纪检监察机关。各级财政部门要推进绩效信息公开，重要绩效目标、绩效评价结果要与预决算草案同步报送同级人大、同步向社会主动公开，搭建社会公众参与绩效管理的途径和平台，自觉接受人大和社会各界监督。

（十八）加强绩效管理工作考核。各级政府要将预算绩效结果纳入政府绩效和干部政绩考核体系，作为领导干部选拔任用、公务员考核的重要参考，充分调动各地区、各部门履职尽责和干事创业的积极性。各级财政部门负责对本级部门和预算单位、下级财政部门预算绩效管理工作情况进行考核。建立考核结果通报制度，对工作成效明显的地区和部门给予表彰，对工作推进不力的进行约谈并责令限期整改。

全面实施预算绩效管理是党中央、国务院作出的重大战略部署，是政府治理和预算管理的深刻变革。各地区、各部门要更加紧密地团结在以习近平同志为核心的党中央周围，把思想认识和行动统一到党中央、国务院决策部署上来，增强"四个意识"，坚定"四个自信"，提高政治站位，把全面实施预算绩效管理各项措施落到实处，为决胜全面建成小康社会、夺取新时代中国特色社会主义伟大胜利、实现中华民族伟大复兴的中国梦奠定坚实基础。

关于印发《中央对地方专项
转移支付绩效目标管理暂行办法》的通知

财预〔2015〕163号

党中央有关部门，国务院各部委、各直属机构，总后勤部，武警各部队，全国人大常委会办公厅，全国政协办公厅，高法院，高检院，各民主党派中央，有关人民团体，新疆生产建设兵团,有关中央管理企业,各省、自治区、直辖市、计划单列市财政厅（局）：

为进一步规范中央对地方专项转移支付绩效目标管理，提高财政资金使用效益，根据《中华人民共和国预算法》、《国务院关于深化预算管理制度改革的决定》（国发〔2014〕45号）、《国务院关于改革和完善中央对地方转移支付制度的意见》（国发〔2014〕71号）等有关规定，我们制定了《中央对地方专项转移支付绩效目标管理暂行办法》。现予印发，请遵照执行。

附件：中央对地方专项转移支付绩效目标管理暂行办法

财 政 部
2015年9月29日

附件:

中央对地方专项转移支付绩效
目标管理暂行办法

第一章 总 则

第一条 为了规范中央对地方专项转移支付绩效目标管理,提高财政资金使用效益,根据《中华人民共和国预算法》、《国务院关于深化预算管理制度改革的决定》(国发〔2014〕45号)、《国务院关于改革和完善中央对地方转移支付制度的意见》(国发〔2014〕71号)等有关规定,制定本办法。

第二条 中央对地方专项转移支付(以下简称专项转移支付)的绩效目标管理活动,适用本办法。

第三条 专项转移支付绩效目标是指中央财政设立的专项转移支付资金在一定期限内预期达到的产出和效果。

专项转移支付绩效目标是编制和分配专项转移支付预算、开展专项转移支付绩效监控和绩效评价的重要基础和依据。

第四条 专项转移支付绩效目标管理是指以专项转移支付绩效目标为对象,以绩效目标的设定、审核、下达、调整和应用等为主要内容所开展的预算管理活动。

第五条 本办法所称绩效目标:

(一)按照专项转移支付的涉及范围划分,可分为整体绩效目标、区域绩效目标和项目绩效目标。

整体绩效目标是指某项专项转移支付的全部资金在一定期限内预期达到的总体产出和效果。区域绩效目标是指在省级行政区域内,某项专项转移支付的全部资金在一定期限内预期达到的产出和效果。项目绩效目标是指通过专项转移支付预算安排的某个具体项目资金在一定期限内预期达到的产出和效果。

(二)按照时效性划分,可分为实施期绩效目标和年度绩效目标。

实施期绩效目标是指某项专项转移支付资金在确定的实施期限内预期达到的总体

产出和效果。年度绩效目标是指某项专项转移支付资金在一个预算年度内预期达到的产出和效果。

第六条 各有关部门（单位）按照各自职责，分工协作，做好专项转移支付绩效目标管理工作：

（一）财政部。负责专项转移支付绩效目标管理的总体组织指导工作；制定总体管理办法，会同相关部门制定具体管理办法；确定绩效目标管理工作规划，提出年度工作要求；审核中央主管部门或省级财政部门报送的绩效目标；确定或下达有关绩效目标；指导、督促有关部门和单位依据绩效目标开展绩效监控、绩效评价等相关绩效管理工作；依据绩效目标管理情况，确定绩效目标应用方式。

（二）中央主管部门。负责本部门所涉专项转移支付的绩效目标管理工作；协同财政部制定具体管理办法；按要求设定并向财政部提交绩效目标；审核省级主管部门报送的绩效目标；督促落实绩效目标；依据绩效目标开展相应的绩效管理工作；提出绩效目标具体应用建议；指导省级主管部门绩效目标管理工作。

（三）省级财政部门。负责本省区域内专项转移支付绩效目标的总体管理工作；会同省级主管部门，按要求设定绩效目标、审核下级财政部门报送的绩效目标并报送财政部；下达绩效目标并督促落实；依据绩效目标开展相应的绩效管理工作；提出绩效目标具体应用建议；指导下级财政部门绩效目标管理工作。

（四）省级主管部门。负责本部门所涉专项转移支付绩效目标的具体管理工作；会同省级财政部门，按要求设定绩效目标、审核下级主管部门报送的绩效目标并报送中央主管部门；督促落实绩效目标；依据绩效目标开展相应的绩效管理工作；提出绩效目标具体应用建议；指导下级主管部门绩效目标管理工作。

（五）省以下财政部门、主管部门及具体实施单位等在绩效目标管理中的职责，由各地区按照绩效目标管理要求，结合本地区预算管理体制及实际工作需要，参照本办法提出具体要求。

第二章　绩效目标的设定

第七条 绩效目标设定是指有关部门（单位）按要求编制并报送专项转移支付绩效目标的过程。

专项转移支付都应当按要求设定绩效目标。未按要求设定绩效目标或绩效目标设定不合理且不按要求调整的，不得进入专项转移支付预算安排和资金分配流程。

第八条 绩效目标要能清晰反映专项转移支付资金的预期产出和效果，并以相应的绩效指标予以细化、量化描述。主要包括：

（一）预期产出，是指专项转移支付资金在一定期限内预期提供的公共产品和服务情况；

（二）预期效果，是指上述产出预计对经济、社会、生态等带来的影响情况，以及服务对象或受益人对该项产出和影响的满意程度等。

第九条 绩效指标是绩效目标的细化和量化描述，主要包括产出指标、效益指标和满意度指标等。

（一）产出指标是对预期产出的描述，包括数量指标、质量指标、时效指标、成本指标等。

（二）效益指标是对预期效果的描述，包括经济效益指标、社会效益指标、生态效益指标、可持续影响指标等。

（三）满意度指标是反映服务对象或受益人的认可程度的指标。

上述相关指标的解释及说明，详见"中央对地方专项转移支付绩效目标申报表填报说明"（附1-4）。

第十条 绩效标准是设定绩效指标时所依据或参考的标准。一般包括：

（一）历史标准，是指同类指标的历史数据等；

（二）行业标准，是指国家公布的行业指标数据等；

（三）计划标准，是指预先制定的目标、计划、预算、定额等数据；

（四）财政部和行业主管部门认可的其他标准。

第十一条 绩效目标设定的依据包括：

（一）国家相关法律、法规和规章制度，国民经济和社会发展规划，国家宏观调控总体要求等；

（二）中央和地方事权与支出责任划分的有关规定，专项转移支付管理规定，设立专项转移支付的特定政策目标，各专项的资金管理办法及其实施细则、项目申报指南等；

（三）财政部门中期财政规划和年度预算管理要求，专项转移支付中期规划和年度预算；

（四）相关历史数据、行业标准、计划标准等；

（五）符合财政部和中央主管部门要求的其他依据。

第十二条 设定的绩效目标应当符合以下要求：

（一）指向明确。绩效目标要符合法律法规规定、国民经济和社会发展规划、部门（单位）职能及事业发展规划等要求，并与该专项的特定政策目标、用途、使用范围、预算支出内容等紧密相关。

（二）细化量化。绩效目标应当从数量、质量、时效、成本以及经济效益、社会效益、生态效益、可持续影响、满意度等方面进行细化，尽量进行定量表述。不能以量化形式表述的，可采用定性表述，但应具有可衡量性。

（三）合理可行。绩效目标以及为实现绩效目标拟采取的措施要经过调查研究和科学论证，符合客观实际，能够在一定期限内如期实现。

（四）相应匹配。绩效目标要与计划期内的任务数或计划数相对应，与预算确定的投资额或资金量相匹配。

第十三条 专项转移支付的绩效目标按要求分别设定。

（一）整体绩效目标由中央主管部门设定。相关中央主管部门按照财政部要求，填写"中央对地方专项转移支付整体绩效目标申报表"（附 1-1），并按预算管理程序提交财政部。

（二）实行因素法管理的专项转移支付应当设定区域绩效目标。区域绩效目标由省级财政部门和主管部门共同设定，按要求填写"中央对地方专项转移支付区域绩效目标申报表"（附 1-2），并按预算管理程序报送财政部和中央主管部门。同时，要按照实际工作需要或相关工作要求，将下级部门设定的绩效目标报送财政部和中央主管部门备案。省级财政部门在向财政部报送绩效目标时，应将有关绩效目标同时抄送财政部驻当地财政监察专员办事处（以下简称专员办）。

（三）实行项目法管理的专项转移支付应当设定项目绩效目标。项目绩效目标由专项转移支付资金的具体实施单位设定，按要求填写"中央对地方专项转移支付项目绩效目标申报表"（附 1-3），并按规定程序由相应财政部门和主管部门审核后，报送省级财政部门和主管部门。省级财政部门和主管部门进行审核后，按预算管理程序报送财政部和中央主管部门。

第十四条 采取贴息、担保补贴等间接补助方式管理的专项转移支付区域和项目绩效目标，可结合实际工作并参考第十三条第（二）、（三）款执行。

对采取先建后补、以奖代补、据实结算等事后补助方式管理的专项转移支付，实行事前立项事后补助的，应在立项时按照第十三条有关规定设定绩效目标；实行事后立项事后补助的，其绩效目标可以用相关工作或目标的完成情况来取代，具体格式参考"中央对地方专项转移支付绩效自评表"（附3）。

第三章　绩效目标的审核

第十五条　绩效目标审核是指有关部门对报送的专项转移支付绩效目标进行审查核实，并将审核意见反馈相关部门或单位，指导其修改完善绩效目标的过程。

第十六条　绩效目标审核是专项转移支付预算审核的有机组成部分和必要环节，其审核结果作为专项转移支付预算安排和资金分配的重要依据。

第十七条　中央主管部门设定并提交的专项转移支付整体绩效目标，由财政部审核并提出意见。

第十八条　省级财政部门和主管部门设定并报送的专项转移支付区域绩效目标，由财政部和中央主管部门审核，提出审核意见。其中，中央主管部门对区域绩效目标进行审核并提出审核意见后，及时提交财政部；专员办按照相关工作要求，对省级财政部门抄送的区域绩效目标开展审核，并将审核意见和相关建议按程序报送财政部。财政部在上述各方意见的基础上，提出绩效目标的审核意见。

第十九条　专项转移支付项目绩效目标由相关基层财政部门和主管部门进行审核，按程序上报省级财政部门和主管部门并经其审核通过后，由省级财政部门和主管部门参照第十八条的要求和程序，上报财政部进行审核并提出意见。

第二十条　财政部在专项转移支付绩效目标审核中，对整体绩效目标或数额较大、社会关注度较高、对经济社会发展具有重要影响、关系重大民生领域或专业技术复杂的专项转移支付区域和项目绩效目标，可根据需要交由财政部预算评审中心审核，或委托专家学者、科研院所、中介机构等第三方予以审核，必要时可邀请有关人大代表、政协委员、社会公众等共同参与，提出审核意见和建议。

中央主管部门、省级财政部门和主管部门以及专员办等在相关绩效目标的审核中，也可根据工作需要将其委托第三方等进行审核。

第二十一条　绩效目标审核的主要内容：

（一）完整性审核。绩效目标的内容是否全面完整，绩效目标是否明确、清晰。

（二）相关性审核。绩效目标的设定与专项转移支付的特定政策目标、用途、使用范围等是否相关，是否依据绩效目标设定了相关联的绩效指标，绩效指标是否细化、量化。

（三）适当性审核。该绩效目标是否与其他绩效目标相近或雷同；绩效目标是否已经实现或取消。资金规模与绩效目标之间是否匹配，在既定资金规模下，绩效目标是否过高或过低；或者要完成既定绩效目标，资金规模是否过大或过小。

（四）可行性审核。绩效目标是否经过充分论证和合理测算；专项或项目的实施方案、具体措施是否切实可行，并能确保绩效目标如期实现。综合考虑成本效益，是否有必要安排财政资金。

第二十二条 对专项转移支付绩效目标的审核，可采用"中央对地方专项转移支付绩效目标审核表"（附2-1），采取定性审核的方式，形成"优""良""中""差"四个等级的审核结果。

审核结果为"优"的，直接进入下一步预算安排流程；审核结果为"良"的，可与相关部门或单位进行协商，直接对其绩效目标进行完善后，进入下一步预算安排流程；审核结果为"中"的，由相关部门或单位对其进行修改完善，按程序重新报送审核；审核结果为"差"的，不得进入下一步预算安排流程。

第四章 绩效目标的下达、调整与应用

第二十三条 财政部在确定专项转移支付总预算时，同步确定整体绩效目标；财政部在向省级财政部门下达专项转移支付预算时，同步下达区域或项目绩效目标。省级财政部门在细化下达预算时，同步下达相应的绩效目标。

第二十四条 绩效目标确定后，一般不予调整和变更。预算执行中因特殊原因确需调整或变更的，应按照绩效目标管理要求、专项转移支付预算调整和变更流程报批。

第二十五条 各级财政部门、主管部门和实施单位应按照下达的绩效目标组织预算执行，并依据绩效目标开展绩效监控、绩效自评和绩效评价。

（一）绩效监控。预算执行中，各级财政部门和主管部门应对资金运行状况和绩效目标预期实现程度开展绩效监控，及时发现并纠正绩效运行中存在的问题，力保绩效目标如期实现。

（二）绩效自评。预算执行结束后，中央主管部门、省级财政部门和主管部门以及实施单位等应对照确定的绩效目标开展绩效自评，填写"中央对地方专项转移支付绩效自评表"，形成相应的自评结果，并根据工作要求和实际需要形成绩效报告[具体格式可参考《财政支出绩效评价管理暂行办法》（财预〔2011〕285号）]，作为专项转移支付预算执行情况的重要内容予以反映。

相关财政部门和主管部门应对相应的绩效自评情况进行审核，并将其作为绩效评价的重要基础和以后年度预算申请、安排、分配的前置条件和重要因素。

（三）绩效评价。各级财政部门和主管部门应按要求及时开展专项转移支付年度或中期（实施期）绩效评价，客观反映绩效目标实现程度，形成相应的评价结果，按要求形成绩效评价报告（具体格式可参考《财政支出绩效评价管理暂行办法》），并将评价结果作为完善相关专项转移支付政策和以后年度预算申请、安排、分配的重要依据。

第二十六条　结合绩效目标审核、绩效自评和绩效评价等情况，建立专项转移支付保留、整合、调整和退出机制。对符合绩效目标预期、有必要继续执行的专项转移支付，可继续保留；对绩效目标相近或雷同的，应予以整合；对绩效目标发生变动或实际绩效与目标差距较大的，应予以调整；对绩效目标已经实现或取消的，应予以退出。

第二十七条　专项转移支付绩效目标应按照有关法律、法规规定逐步予以公开，接受各方监督。

第五章　附　则

第二十八条　专项转移支付资金纳入地方政府预算管理后，其绩效目标管理应同时符合同级地方政府预算绩效目标管理规定。

第二十九条　各中央主管部门、省级财政部门和主管部门可根据本办法，结合实际制定具体绩效目标管理办法或实施细则，报财政部备案。

第三十条　本办法由财政部负责解释。

第三十一条　本办法自印发之日起施行。

附 1-1：中央对地方专项转移支付整体绩效目标申报表

附 1-2：中央对地方专项转移支付区域绩效目标申报表

附 1-3：中央对地方专项转移支付项目绩效目标申报表

附 1-4：中央对地方专项转移支付绩效目标申报表填报说明

附 2-1：中央对地方专项转移支付绩效目标审核表

附 2-2：中央对地方专项转移支付绩效目标审核表使用说明

附 3：中央对地方专项转移支付绩效自评表

附 4：中央对地方专项转移支付绩效目标管理流程图

附 1-1:

中央对地方专项转移支付整体绩效目标申报表

(年度)

<table>
<tr><td colspan="3" style="text-align:right">专项名称</td><td></td><td colspan="2"></td><td></td></tr>
<tr><td colspan="3" style="text-align:center">中央主管部门</td><td></td><td colspan="2" style="text-align:center">专项实施期</td><td></td></tr>
<tr><td rowspan="5">资金
情况
(万元)</td><td colspan="2" style="text-align:center">实施期金额</td><td></td><td colspan="2" style="text-align:center">年度金额</td><td></td></tr>
<tr><td colspan="2">其中:中央补助</td><td></td><td colspan="2">其中:中央补助</td><td></td></tr>
<tr><td colspan="2" style="text-align:center">地方资金</td><td></td><td colspan="2" style="text-align:center">地方资金</td><td></td></tr>
<tr><td rowspan="2" colspan="6"></td></tr>
<tr></tr>
<tr><td rowspan="2">总体
目标</td><td colspan="3" style="text-align:center">实施期目标</td><td colspan="3" style="text-align:center">年度目标</td></tr>
<tr><td colspan="3">目标1:
目标2:
目标3:
……</td><td colspan="3">目标1:
目标2:
目标3:
……</td></tr>
<tr><td rowspan="22">绩效
指标</td><td>一级指标</td><td>二级指标</td><td>三级指标</td><td>指标值</td><td>二级指标</td><td>三级指标</td><td>指标值</td></tr>
<tr><td rowspan="15" style="text-align:center">产
出
指
标</td><td rowspan="3" style="text-align:center">数量指标</td><td>指标1:</td><td></td><td rowspan="3" style="text-align:center">数量指标</td><td>指标1:</td><td></td></tr>
<tr><td>指标2:</td><td></td><td>指标2:</td><td></td></tr>
<tr><td>……</td><td></td><td>……</td><td></td></tr>
<tr><td rowspan="3" style="text-align:center">质量指标</td><td>指标1:</td><td></td><td rowspan="3" style="text-align:center">质量指标</td><td>指标1:</td><td></td></tr>
<tr><td>指标2:</td><td></td><td>指标2:</td><td></td></tr>
<tr><td>……</td><td></td><td>……</td><td></td></tr>
<tr><td rowspan="3" style="text-align:center">时效指标</td><td>指标1:</td><td></td><td rowspan="3" style="text-align:center">时效指标</td><td>指标1:</td><td></td></tr>
<tr><td>指标2:</td><td></td><td>指标2:</td><td></td></tr>
<tr><td>……</td><td></td><td>……</td><td></td></tr>
<tr><td rowspan="3" style="text-align:center">成本指标</td><td>指标1:</td><td></td><td rowspan="3" style="text-align:center">成本指标</td><td>指标1:</td><td></td></tr>
<tr><td>指标2:</td><td></td><td>指标2:</td><td></td></tr>
<tr><td>……</td><td></td><td>……</td><td></td></tr>
<tr><td style="text-align:center">……</td><td></td><td></td><td style="text-align:center">……</td><td></td><td></td></tr>
<tr><td rowspan="9" style="text-align:center">效
益
指
标</td><td rowspan="3" style="text-align:center">经济效益
指标</td><td>指标1:</td><td></td><td rowspan="3" style="text-align:center">经济效益
指标</td><td>指标1:</td><td></td></tr>
<tr><td>指标2:</td><td></td><td>指标2:</td><td></td></tr>
<tr><td>……</td><td></td><td>……</td><td></td></tr>
<tr><td rowspan="3" style="text-align:center">社会效益
指标</td><td>指标1:</td><td></td><td rowspan="3" style="text-align:center">社会效益
指标</td><td>指标1:</td><td></td></tr>
<tr><td>指标2:</td><td></td><td>指标2:</td><td></td></tr>
<tr><td>……</td><td></td><td>……</td><td></td></tr>
<tr><td rowspan="3" style="text-align:center">生态效益
指标</td><td>指标1:</td><td></td><td rowspan="3" style="text-align:center">生态效益
指标</td><td>指标1:</td><td></td></tr>
<tr><td>指标2:</td><td></td><td>指标2:</td><td></td></tr>
<tr><td>……</td><td></td><td>……</td><td></td></tr>
</table>

续表

一级指标	二级指标	三级指标	指标值	二级指标	三级指标	指标值
绩效指标 效益指标	可持续影响指标	指标1：		可持续影响指标	指标1：	
		指标2：			指标2：	
		……			……	
	……			……		
满意度指标	服务对象满意度指标	指标1：		服务对象满意度指标	指标1：	
		指标2：			指标2：	
		……			……	
	……			……		

附 1-2：

中央对地方专项转移支付区域绩效目标申报表

（　　　年度）

专项名称						
中央主管部门				专项实施期		
省级财政部门				省级主管部门		

资金情况（万元）	实施期金额		年度金额	
	其中：中央补助		其中：中央补助	
	地方资金		地方资金	

总体目标	实施期目标			年度目标		
	目标1： 目标2： 目标3： ……			目标1： 目标2： 目标3： ……		

绩效指标	一级指标	二级指标	三级指标	指标值	二级指标	三级指标	指标值
	产出指标	数量指标	指标1： 指标2： ……		数量指标	指标1： 指标2： ……	
		质量指标	指标1： 指标2： ……		质量指标	指标1： 指标2： ……	
		时效指标	指标1： 指标2： ……		时效指标	指标1： 指标2： ……	
		成本指标	指标1： 指标2： ……		成本指标	指标1： 指标2： ……	
		……			……		
	效益指标	经济效益指标	指标1： 指标2： ……		经济效益指标	指标1： 指标2： ……	
		社会效益指标	指标1： 指标2： ……		社会效益指标	指标1： 指标2： ……	
		生态效益指标	指标1： 指标2： ……		生态效益指标	指标1： 指标2： ……	

续表

一级指标	二级指标	三级指标	指标值	二级指标	三级指标	指标值
绩效指标	效益指标	可持续影响指标	指标1：		可持续影响指标	指标1：	
			指标2：			指标2：	
			………			………	
		………			………	
	满意度指标	服务对象满意度指标	指标1：		服务对象满意度指标	指标1：	
			指标2：			指标2：	
			………			………	
		………			………	

附 1-3：

中央对地方专项转移支付项目绩效目标申报表

（　　　年度）

项目名称					
所属专项					
中央主管部门			省级财政部门		
省级主管部门			具体实施单位		
资金情况 （万元）	年度资金总额				
	其中：财政资金				
	其他资金				
总体 目标	目标1： 目标2： 目标3： ……				

绩效指标	一级指标	二级指标	三级指标		指标值
	产出指标	数量指标	指标1：		
			指标2：		
			……		
		质量指标	指标1：		
			指标2：		
			……		
		时效指标	指标1：		
			指标2：		
			……		
		成本指标	指标1：		
			指标2：		
			……		
		……			
	效益指标	经济效益 指标	指标1：		
			指标2：		
			……		
		社会效益 指标	指标1：		
			指标2：		
			……		
		生态效益 指标	指标1：		
			指标2：		
			……		

续表

	一级指标	二级指标	三级指标	指标值
绩效指标	效益指标	可持续影响指标	指标1:	
			指标2:	
			……	
		……		
	满意度指标	服务对象满意度指标	指标1:	
			指标2:	
			……	
		……		

附 1-4：

中央对地方专项转移支付绩效目标申报表填报说明

中央对地方专项转移支付绩效目标申报表分为整体绩效目标申报表、区域绩效目标申报表和项目绩效目标申报表 3 张报表，分别在设定专项转移支付整体绩效目标、区域绩效目标和项目绩效目标时填报，作为编制和分配专项转移支付预算、开展专项转移支付绩效监控和绩效评价的重要基础和依据。

一、整体绩效目标申报表

（一）基本信息

1. 年度：填写编制专项转移支付预算所属年份。

2. 专项名称：填写某项专项转移支付全称。

3. 中央主管部门：填写负责某项专项转移支付管理工作的中央部门全称。

4. 专项实施期：填写某项专项转移支付在新设立时或实施一定期限重新立项时，所确定的计划实施期限，如 20××—20××年。

5. 实施期金额：填写某项专项转移支付的实施期资金总额，包括中央财政补助资金、中央和地方共同承担事项中地方财政分担部分等。其中，中央和地方共同承担事项中的地方财政分担部分应根据确定的分担标准或比例测算。金额以万元为单位，保留小数点后两位（下同）。

6. 年度金额：填写某项专项转移支付的年度资金总额，包括中央财政补助资金、中央和地方共同承担事项中地方财政分担部分等。

（二）总体目标

总体目标描述某项专项转移支付的全部资金在一定期限内预期达到的总体产出和效果。

1. 实施期目标：概括描述专项转移支付资金在确定的实施期内预期达到的总体产出和效果。在新设或重新设立时填写，确定后，一般不再变动。

2. 年度目标：概括描述专项转移支付资金在本年度内预期达到的产出和效果。

（三）绩效指标

绩效指标按实施期指标和年度指标分别填列，其中，实施期指标是对实施期目标的细化和量化，年度指标是对年度目标的细化和量化。

绩效指标一般包括产出指标、效益指标、满意度指标三类一级指标，每一类一级指标细分为若干个二级指标、三级指标，分别设定具体的指标值。指标值应尽量细化、量化，可量化的用数值描述，不可量化的以定性描述。

1. 产出指标：反映根据既定目标，相关预算资金预期提供的公共产品和服务情况。可进一步细分为：

（1）数量指标，反映预期提供的公共产品和服务数量，如"务工农民岗位技能培训人数""公共租赁住房保障户数"等；

（2）质量指标，反映预期提供的公共产品和服务达到的标准、水平和效果，如"培训合格率""公共租赁住房建设验收通过率"等；

（3）时效指标，反映预期提供公共产品和服务的及时程度和效率情况，如"培训完成时间""补贴发放时间"等；

（4）成本指标，反映预期提供公共产品和服务所需成本的控制情况，如"人均培训成本""和社会平均成本的比较"等。

2. 效益指标：反映与既定绩效目标相关的、前述相关产出所带来的预期效果的实现程度。可进一步细分为：

（1）经济效益指标，反映相关产出对经济发展带来的影响和效果，如"促进农民增收率或增收额""采用先进技术带来的实际收入增长率"等；

（2）社会效益指标，反映相关产出对社会发展带来的影响和效果，如"带动就业增长率""低收入家庭居住条件改善情况"等；

（3）生态效益指标，反映相关产出对生态环境带来的影响和效果，如"空气质量优良率""万元 GDP 能耗下降率"等；

（4）可持续影响指标，反映相关产出带来影响的可持续期限，如"项目持续发挥作用的期限""对本行业未来可持续发展的影响"等。

3. 满意度指标：属于预期效果的内容，反映服务对象或受益人对相关产出及其影响的认可程度，可根据实际细化为具体指标，如"参加培训人员的满意度""基层群众对××工作的满意度""社会公众投诉率/投诉次数"等。

4. 实际操作中其他绩效指标的具体内容，可根据需要在上述指标中或在上述指标之外另行补充。

二、区域绩效目标申报表

（一）基本信息

1. 年度：填写编制专项转移支付预算所属年份。

2. 专项名称：填写某项专项转移支付全称。

3. 中央主管部门：填写负责某项专项转移支付管理工作的中央部门全称。

4. 专项实施期：填写某项专项转移支付在设立时所确定的实施期限。

5. 省级财政部门：填写负责本省级行政区域内专项转移支付管理工作的省级财政部门全称。

6. 省级主管部门：填写负责本省级行政区域内某项专项转移支付管理工作的省级主管部门全称。

7. 实施期金额：填写本省级行政区域内专项转移支付的实施期资金总额，包括中央财政补助资金、中央和地方共同承担事项中本地区财政分担部分等。

8. 年度金额：填写本省级行政区域内专项转移支付的年度资金总额，包括中央财政补助资金、中央和地方共同承担事项中本地区财政分担部分等。

（二）总体目标

描述某省级行政区域内的某个专项转移支付全部资金在一定期限内预期达到的总体产出和效果，按实施期目标和年度目标分别填列，具体可参照"整体绩效目标申报表"的有关说明。

（三）绩效指标

绩效指标是对区域总体目标的细化和量化，按实施期指标和年度指标分别填列，具体可参照"整体绩效目标申报表"的有关说明。

三、项目绩效目标申报表

（一）基本信息

1. 年度：填写编制专项转移支付预算所属年份。

2. 项目名称：填写所申请的具体项目全称。

3. 所属专项：填写所申请的专项转移支付全称。

4. 中央主管部门：填写负责某项专项转移支付管理工作的中央部门全称。

5. 省级财政部门：填写负责本省级行政区域内专项转移支付管理工作的省级财政部门全称。

6. 省级主管部门：填写负责本省级行政区域内某项专项转移支付管理工作的省级主管部门全称。

7. 具体实施单位：填写项目实施单位全称。

8. 资金情况：填写本项目的年度资金总额，包括向财政部门申请的财政资金、具体实施单位用于本项目的自筹资金等其他资金。

（二）总体目标

描述通过专项转移支付预算安排的具体项目资金在本年度内预期达到的产出和效果，具体可参照"整体绩效目标申报表"的有关说明。

（三）绩效指标

绩效指标是对项目总体目标的细化和量化，具体可参照"整体绩效目标申报表"的有关说明。

以上内容为专项转移支付绩效目标设定的基本框架，有关部门和单位在设定绩效目标时，可结合本专项的特点制定具体的个性指标体系，并结合实际填报具体指标。

附 2-1:

中央对地方专项转移支付绩效目标审核表

审核内容	审核要点	审核意见
一、完整性审核		
规范完整性	1. 绩效目标填报格式是否规范; 2. 绩效目标填报内容是否完整、准确、翔实,是否无缺项、错项	优□ 良□ 中□ 差□
明确清晰性	1. 绩效目标是否明确、清晰,是否能够反映专项或项目的主要内容; 2. 是否对专项或项目的预期产出和效果进行了充分、恰当的描述	优□ 良□ 中□ 差□
二、相关性审核		
目标相关性	1. 总体目标是否符合国家法律法规、国民经济和社会发展规划要求; 2. 总体目标是否符合中央和地方事权与支出责任划分规定; 3. 总体目标是否符合专项的特定政策目标、用途、使用范围和预算支出内容等,是否符合财政部门和主管部门的要求	优□ 良□ 中□ 差□
指标科学性	1. 绩效指标是否全面、充分、细化、量化,难以量化的,定性描述是否充分、具体; 2. 是否选取了最能体现总体目标实现程度的关键指标并明确了具体指标值	优□ 良□ 中□ 差□
三、适当性审核		
绩效合理性	1. 预期绩效是否显著,是否能够体现实际产出和效果的明显改善; 2. 是否符合行业正常水平或事业发展规律; 3. 是否没有出现与其他同类专项或项目绩效目标接近或雷同的情形; 4. 预期绩效是否合理,是否尚未实现或取消	优□ 良□ 中□ 差□
资金匹配性	1. 绩效目标与专项或项目资金规模、使用方向等是否匹配,在既定资金规模下,绩效目标是否过高或过低,或要完成既定绩效目标,资金规模是否过大或过小; 2. 资金测算是否符合有关补助标准或比例规定,是否体现资金统筹使用和优先保障重点支出等要求	优□ 良□ 中□ 差□
四、可行性审核		
实现可能性	1. 绩效目标是否经过充分调查研究、论证和合理测算; 2. 绩效目标实现的可能性是否充分	优□ 良□ 中□ 差□

续表

审核内容	审核要点	审核意见
四、可行性审核		
条件 充分性	1. 专项或项目的实施方案、具体措施等是否合理; 2. 主管部门或实施单位的组织实施能力和条件是否充分,内部控制是否规范,管理制度是否健全	优□　良□　中□　差□
综合评定 等级	优□　　　良□　　　中□　　　差□	
总体意见		

附 2-2：

中央对地方专项转移支付绩效目标审核表使用说明

本表适用于有关部门在审核专项转移支付绩效目标时使用，全面反映审核主体对专项转移支付绩效目标的审核意见，是绩效目标审核的主要工具。

一、审核内容

绩效目标审核包括完整性审核、相关性审核、适当性审核和可行性审核等四个方面。绩效目标审核应充分参考专项或项目的政策目标、立项的必要性和可行性、实施方案以及以前年度绩效信息等内容，还应充分考虑财政资金支持的方向、范围和方式等。

二、审核方式

专项转移支付绩效目标审核采取定性审核的方式。定性审核分为"优""良""中""差"四个等级，其中，填报内容完全符合要求的，定级为"优"；绝大部分内容符合要求、仅需对个别内容进行修改完善的，定级为"良"；部分内容不符合要求、但通过修改完善后能够符合要求的，定级为"中"；内容为空、大部分内容不符合要求，或总体目标已经实现或取消的，定级为"差"。

审核主体对每一项审核内容逐一提出定性审核意见，并根据各项审核情况，汇总确定"综合评定等级"，比如，8 项审核内容中，有 6 项及以上为"优"且其他项无"中""差"级的，可定级为"优"；有 6 项及以上为"良"及以上且其他项无"差"级的，可定级为"良"；有 6 项及以上为"中"及以上的，可定级为"中"等。同时，在本表"总体意见"栏中对该专项或项目绩效目标的修改完善、预算安排等提出意见。

附3：

中央对地方专项转移支付绩效自评表

（　　年度）

填报类型：整体□　区域□　项目□

<table>
<tr><td colspan="2">专项名称</td><td></td><td colspan="2">中央主管部门</td><td></td></tr>
<tr><td colspan="2">省级财政部门
（开展整体绩效自评时，
不填此项）</td><td></td><td colspan="2">省级主管部门
（开展整体绩效自评时，不
填此项）</td><td></td></tr>
<tr><td colspan="2">项目名称
（开展整体、区域绩效自评
时，不填此项）</td><td></td><td colspan="2">具体实施单位
（开展整体、区域绩效自评
时，不填此项）</td><td></td></tr>
<tr><td rowspan="3">预算
执行
情况
（万元）</td><td>预算数：</td><td></td><td colspan="2">执行数：</td><td></td></tr>
<tr><td>其中：中央补助/财政资金</td><td></td><td colspan="2">其中：中央补助/财政资金</td><td></td></tr>
<tr><td>地方资金/其他资金</td><td></td><td colspan="2">地方资金/其他资金</td><td></td></tr>
<tr><td rowspan="5">年度
目标
完成
情况</td><td colspan="2">预期目标</td><td colspan="3">目标实际完成情况</td></tr>
<tr><td colspan="2" rowspan="4">目标1：
目标2：
目标3：
……</td><td colspan="3">目标1完成情况：
目标2完成情况：
目标3完成情况：
……</td></tr>
<tr></tr>
<tr></tr>
<tr></tr>
<tr><td rowspan="17">年度
绩效
指标
完成
情况</td><td>一级指标</td><td>二级指标</td><td>三级指标</td><td>预期指标值</td><td>实际完成指标值</td></tr>
<tr><td rowspan="16">产
出
指
标</td><td rowspan="3">数量指标</td><td>指标1：</td><td></td><td></td></tr>
<tr><td>指标2：</td><td></td><td></td></tr>
<tr><td>……</td><td></td><td></td></tr>
<tr><td rowspan="3">质量指标</td><td>指标1：</td><td></td><td></td></tr>
<tr><td>指标2：</td><td></td><td></td></tr>
<tr><td>……</td><td></td><td></td></tr>
<tr><td rowspan="3">时效指标</td><td>指标1：</td><td></td><td></td></tr>
<tr><td>指标2：</td><td></td><td></td></tr>
<tr><td>……</td><td></td><td></td></tr>
<tr><td rowspan="3">成本指标</td><td>指标1：</td><td></td><td></td></tr>
<tr><td>指标2：</td><td></td><td></td></tr>
<tr><td>……</td><td></td><td></td></tr>
<tr><td>……</td><td></td><td></td><td></td></tr>
</table>

续表

	一级指标	二级指标	三级指标		预期指标值	实际完成指标值
年度绩效指标完成情况	效益指标	经济效益指标	指标1：			
			指标2：			
			······			
		社会效益指标	指标1：			
			指标2：			
			······			
		生态效益指标	指标1：			
			指标2：			
			······			
		可持续影响指标	指标1：			
			指标2：			
			······			
		······				
	满意度指标	服务对象满意度指标	指标1：			
			指标2：			
			······			
		······				

注："预算执行情况"栏中，在开展整体和区域绩效自评时，填写中央补助资金和地方资金情况；在开展项目绩效自评时，填写财政资金和单位自筹资金等其他资金情况。

附 4：

中央对地方专项转移支付绩效目标管理流程图

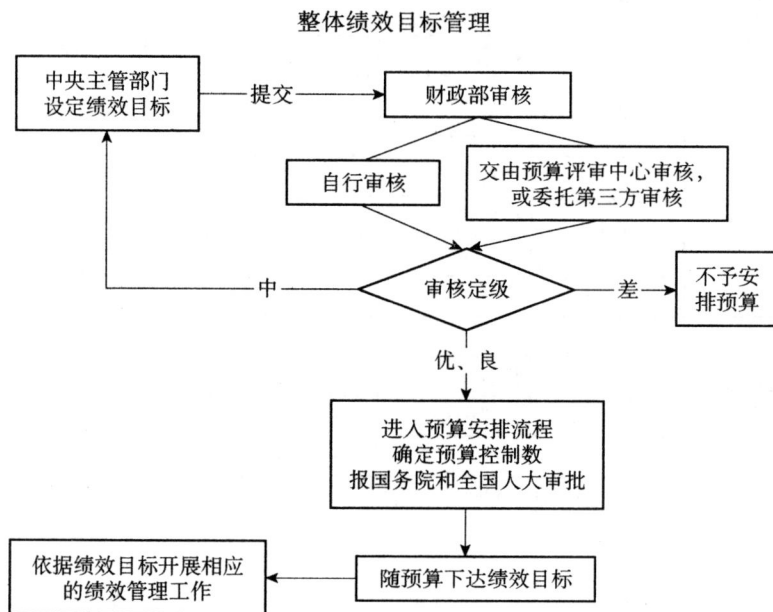

整体绩效目标管理

```
┌─────────────┐              ┌─────────────┐
│ 中央主管部门 │ ──提交──→    │  财政部审核  │
│ 设定绩效目标 │              └─────────────┘
└─────────────┘
      ↑              ┌─────────────┐  ┌──────────────────┐
      │              │  自行审核    │  │ 交由预算评审中心审核，│
      │              └─────────────┘  │  或委托第三方审核  │
      │                               └──────────────────┘
      │
      │        ┌───────────┐                    ┌──────────┐
      └──中──  │  审核定级  │ ──差──→            │ 不予安    │
               └───────────┘                    │ 排预算    │
                     │                           └──────────┘
                   优、良
                     ↓
         ┌──────────────────────┐
         │   进入预算安排流程      │
         │   确定预算控制数        │
         │ 报国务院和全国人大审批  │
         └──────────────────────┘
                     │
┌──────────────────┐        ┌──────────────────┐
│ 依据绩效目标开展相应 │ ←──  │  随预算下达绩效目标  │
│   的绩效管理工作    │        └──────────────────┘
└──────────────────┘
```

关于贯彻落实《中共中央 国务院关于全面实施预算绩效管理的意见》的通知

财预〔2018〕167号

党中央有关部门，国务院各部委、各直属机构，中央军委后勤保障部，武警各部门，全国人大常委会办公厅，政协全国委员会办公厅，高法院，高检院，各民主党派中央，有关人民团体，有关中央管理企业，各省、自治区、直辖市、计划单列市财政厅（局），新疆生产建设兵团财政局：

为深入贯彻落实《中共中央 国务院关于全面实施预算绩效管理的意见》（以下简称《意见》），加快建成全方位、全过程、全覆盖的预算绩效管理体系，提高财政资源配置效率和使用效益，增强政府公信力和执行力，现就有关事项通知如下：

一、充分认识全面实施预算绩效管理的重要意义

全面实施预算绩效管理是推进国家治理体系和治理能力现代化的内在要求，是深化财税体制改革、建立现代财政制度的重要内容，是优化财政资源配置、提升公共服务质量的关键举措，是推动党中央、国务院重大方针政策落地见效的重要保障。《意见》以习近平新时代中国特色社会主义思想为指导，全面贯彻党的十九大和十九届二中、三中全会精神，按照高质量发展要求，紧紧围绕统筹推进"五位一体"总体布局和协调推进"四个全面"战略布局，坚持以供给侧结构性改革为主线，聚焦解决当前预算绩效管理中存在的突出问题，对全面实施预算绩效管理进行统筹谋划和顶层设计，是新时期预算绩效管理工作的根本遵循。

全面实施预算绩效管理是政府治理方式的深刻变革，是一项长期的系统性工程，涉及面广、难度大。各地区、各部门要切实把思想认识行动统一到党中央、国务院决策部署上来，深刻学习领会《意见》的精神实质，准确把握核心内涵，进一步增强责任感和紧迫感，把深入贯彻落实《意见》要求、全面实施预算绩效管理作为当前和今后一段时期财政预算工作的重点，真抓实干、常抓不懈，确保全面实施预算绩效管理各项改革任

务落到实处，不断提高财政资源配置效率和使用效益。

二、结合实际制定贯彻落实方案

各地区、各部门要深入分析本地区本部门预算绩效管理工作实际，对照《意见》要求，准确查找存在的差距和突出问题，抓紧研究制定具体、有针对性、可操作的贯彻落实方案，明确下一步全面实施预算绩效管理的时间表和路线图，着力抓重点、补短板、强弱项、提质量，确保贯彻落实党中央、国务院决策部署不跑偏、不走样。各级财政部门要抓紧完善预算绩效管理制度办法，组织指导本级部门、单位和下级财政部门全面实施预算绩效管理工作，重点关注预算收支总量和结构，加强预算执行监管，推动财政预算管理水平明显提升。各部门、各单位要切实履行预算绩效管理主体责任，健全预算绩效管理操作规范和实施细则，建立上下协调、部门联动、层层抓落实的工作责任制，将绩效管理责任分解落实到具体预算单位、明确到具体责任人，确保每一笔资金花得安全、用得高效。

到 2020 年年底，中央部门和省级层面要基本建成全方位、全过程、全覆盖的预算绩效管理体系，既要提高本级财政资源配置效率和使用效益，又要加强对下转移支付的绩效管理，防止财政资金损失浪费；到 2022 年年底，市县层面要基本建成全方位、全过程、全覆盖的预算绩效管理体系，做到"花钱必问效、无效必问责"，大幅提升预算管理水平和政策实施效果。

三、抓好预算绩效管理的重点环节

（一）预算编制环节突出绩效导向。将绩效关口前移，各部门、各单位要对新出台重大政策、项目，结合预算评审、项目审批等开展事前绩效评估，评估结果作为申请预算的必备要件，防止"拍脑袋决策"，从源头上提高预算编制的科学性和精准性。加快实现本级政策和项目、对下共同事权分类分档转移支付、专项转移支付绩效目标管理全覆盖，加快设立部门和单位整体绩效目标。财政部门要严格绩效目标审核，未按要求设定绩效目标或审核未通过的，不得安排预算。

（二）预算执行环节加强绩效监控。按照"谁支出、谁负责"的原则，完善用款计划管理，对绩效目标实现程度和预算执行进度实行"双监控"，发现问题要分析原因并及时纠正。逐步建立重大政策、项目绩效跟踪机制，按照项目进度和绩效情况拨款，对存在严重问题的要暂缓或停止预算拨款。加强预算执行监测，科学调度资金，简化审核材料，缩短审核时间，推进国库集中支付电子化管理，切实提高预算执行效率。

（三）决算环节全面开展绩效评价。加快实现政策和项目绩效自评全覆盖，如实反映绩效目标实现结果，对绩效目标未达成或目标制定明显不合理的，要作出说明并提出改进措施。逐步推动预算部门和单位开展整体绩效自评，提高部门履职效能和公共服务供给质量。建立健全重点绩效评价常态机制，对重大政策和项目定期组织开展重点绩效评价，不断创新评价方法，提高评价质量。

（四）强化绩效评价结果刚性约束。健全绩效评价结果反馈制度和绩效问题整改责任制，形成反馈、整改、提升绩效的良性循环。各级财政部门要会同有关部门抓紧建立绩效评价结果与预算安排和政策调整挂钩机制，按照奖优罚劣的原则，对绩效好的政策和项目原则上优先保障，对绩效一般的政策和项目要督促改进，对低效无效资金一律削减或取消，对长期沉淀的资金一律收回，并按照有关规定统筹用于亟需支持的领域。

（五）推动预算绩效管理扩围升级。绩效管理要覆盖所有财政资金，延伸到基层单位和资金使用终端，确保不留死角。推动绩效管理覆盖"四本预算"，并根据不同预算资金的性质和特点统筹实施。加快对政府投资基金、主权财富基金、政府和社会资本合作（PPP）、政府购买服务、政府债务项目等各项政府投融资活动实施绩效管理，实现全过程跟踪问效。积极推动绩效管理实施对象从政策和项目预算向部门和单位预算、政府预算拓展，稳步提升预算绩效管理层级，逐步增强整体性和协调性。

四、加强绩效管理监督问责

（一）硬化预算绩效责任约束。财政部门要会同审计部门加强预算绩效监督管理，重点对资金使用绩效自评结果的真实性和准确性进行复核，必要时可以组织开展再评价。财政部驻各地财政监察专员办事处要发挥就地就近优势，加强对本地区中央专项转移支付绩效目标和绩效自评结果的审核。对绩效监控、绩效评估评价结果弄虚作假，或预算执行与绩效目标严重背离的部门和单位及其责任人要提请有关部门进行追责问责。

（二）加大绩效信息公开力度。大力推动重大政策和项目绩效目标、绩效自评以及重点绩效评价结果随同预决算报送同级人大，并依法予以公开。探索建立部门和单位预算整体绩效报告制度，促使各部门各单位从"要我有绩效"向"我要有绩效"转变，提高预算绩效信息的透明度。

（三）推动社会力量有序参与。引导和规范第三方机构参与预算绩效管理，加强执业质量全过程跟踪和监管。搭建专家学者和社会公众参与绩效管理的途径和平台，自觉接受社会各界监督，促进形成全社会"讲绩效、用绩效、比绩效"的良好氛围。

五、健全工作协调机制

（一）财政部门加强组织协调。各级财政部门要赋予部门和资金使用单位更多的管理自主权，强化预算绩效管理工作考核，充实预算绩效管理机构和人员力量，加大宣传培训力度，指导部门和单位提高预算绩效管理水平。完善共性绩效指标框架，组织建立分行业、分领域、分层次的绩效指标体系，推动绩效指标和评价标准科学合理、细化量化、可比可测，夯实绩效管理基础。加快推进绩效管理信息化建设，逐步完善互联互通的预算绩效"大数据"系统，为全面实施预算绩效管理提供重要支撑。加强与人大、监察、审计等机构的协调配合，健全工作机制，形成改革合力，确保全面预算绩效管理工作顺利实施。

（二）各部门完善内部工作机制。各部门各单位要按照预算和绩效管理一体化要求，结合自身业务特点，优化预算管理流程，完善内控制度，明确部门内部绩效目标设置、监控、评价和审核的责任分工，加强部门财务与业务工作紧密衔接。建立健全本行业、本领域核心绩效指标体系，明确绩效标准，规范一级项目绩效目标设置，理顺二级项目绩效目标逐级汇总流程，推动全面实施预算绩效管理工作常态化、制度化、规范化。

（三）推进配套改革。加强预算绩效管理与机构和行政体制改革、政府职能转变、深化放管服改革等有效衔接，统筹推进中期财政规划、政府收支分类、项目支出标准体系、国库现金管理、权责发生制政府综合财务报告制度等财政领域相关改革，抓紧修改调整与预算绩效管理要求不相符的规章制度，切实提高改革的系统性和协同性。

财　政　部
2018 年 11 月 8 日

财政部关于印发《项目支出绩效评价
管理办法》的通知

财预〔2020〕10 号

有关中央预算单位，各省、自治区、直辖市、计划单列市财政厅（局），新疆生产建设兵团财政局：

为深入贯彻落实《中共中央 国务院关于全面实施预算绩效管理的意见》精神，我们在《财政支出绩效评价管理暂行办法》（财预〔2011〕285 号）的基础上，修订形成了《项目支出绩效评价管理办法》，现予印发，请遵照执行。

附件：项目支出绩效评价管理办法

财 政 部
2020 年 2 月 25 日

附件

项目支出绩效评价管理办法

第一章　总　则

　　第一条　为全面实施预算绩效管理,建立科学、合理的项目支出绩效评价管理体系,提高财政资源配置效率和使用效益,根据《中华人民共和国预算法》和《中共中央　国务院关于全面实施预算绩效管理的意见》等有关规定,制定本办法。

　　第二条　项目支出绩效评价(以下简称绩效评价)是指财政部门、预算部门和单位,依据设定的绩效目标,对项目支出的经济性、效率性、效益性和公平性进行客观、公正的测量、分析和评判。

　　第三条　一般公共预算、政府性基金预算、国有资本经营预算项目支出的绩效评价适用本办法。涉及预算资金及相关管理活动,如政府投资基金、主权财富基金、政府和社会资本合作(PPP)、政府购买服务、政府债务项目等绩效评价可参照本办法执行。

　　第四条　绩效评价分为单位自评、部门评价和财政评价三种方式。单位自评是指预算部门组织部门本级和所属单位对预算批复的项目绩效目标完成情况进行自我评价。部门评价是指预算部门根据相关要求,运用科学、合理的绩效评价指标、评价标准和方法,对本部门的项目组织开展的绩效评价。财政评价是财政部门对预算部门的项目组织开展的绩效评价。

　　第五条　绩效评价应当遵循以下基本原则:

　　(一)科学公正。绩效评价应当运用科学合理的方法,按照规范的程序,对项目绩效进行客观、公正的反映。

　　(二)统筹兼顾。单位自评、部门评价和财政评价应职责明确,各有侧重,相互衔接。单位自评应由项目单位自主实施,即"谁支出、谁自评"。部门评价和财政评价应在单位自评的基础上开展,必要时可委托第三方机构实施。

　　(三)激励约束。绩效评价结果应与预算安排、政策调整、改进管理实质性挂钩,体现奖优罚劣和激励相容导向,有效要安排、低效要压减、无效要问责。

（四）公开透明。绩效评价结果应依法依规公开，并自觉接受社会监督。

第六条 绩效评价的主要依据：

（一）国家相关法律、法规和规章制度；

（二）党中央、国务院重大决策部署，经济社会发展目标，地方各级党委和政府重点任务要求；

（三）部门职责相关规定；

（四）相关行业政策、行业标准及专业技术规范；

（五）预算管理制度及办法，项目及资金管理办法、财务和会计资料；

（六）项目设立的政策依据和目标，预算执行情况，年度决算报告、项目决算或验收报告等相关材料；

（七）本级人大审查结果报告、审计报告及决定，财政监督稽核报告等；

（八）其他相关资料。

第七条 绩效评价期限包括年度、中期及项目实施期结束后；对于实施期 5 年及以上的项目，应适时开展中期和实施期后绩效评价。

第二章 绩效评价的对象和内容

第八条 单位自评的对象包括纳入政府预算管理的所有项目支出。

第九条 部门评价对象应根据工作需要，优先选择部门履职的重大改革发展项目，随机选择一般性项目。原则上应以 5 年为周期，实现部门评价重点项目全覆盖。

第十条 财政评价对象应根据工作需要，优先选择贯彻落实党中央、国务院重大方针政策和决策部署的项目，覆盖面广、影响力大、社会关注度高、实施期长的项目。对重点项目应周期性组织开展绩效评价。

第十一条 单位自评的内容主要包括项目总体绩效目标、各项绩效指标完成情况以及预算执行情况。对未完成绩效目标或偏离绩效目标较大的项目要分析并说明原因，研究提出改进措施。

第十二条 财政和部门评价的内容主要包括：

（一）决策情况；

（二）资金管理和使用情况；

（三）相关管理制度办法的健全性及执行情况；

（四）实现的产出情况；

（五）取得的效益情况；

（六）其他相关内容。

第三章 绩效评价指标、评价标准和方法

第十三条 单位自评指标是指预算批复时确定的绩效指标，包括项目的产出数量、质量、时效、成本，以及经济效益、社会效益、生态效益、可持续影响、服务对象满意度等。

单位自评指标的权重由各单位根据项目实际情况确定。原则上预算执行率和一级指标权重统一设置为：预算执行率 10%、产出指标 50%、效益指标 30%、服务对象满意度指标 10%。如有特殊情况，一级指标权重可做适当调整。二、三级指标应当根据指标重要程度、项目实施阶段等因素综合确定，准确反映项目的产出和效益。

第十四条 财政和部门绩效评价指标的确定应当符合以下要求：与评价对象密切相关，全面反映项目决策、项目和资金管理、产出和效益；优先选取最具代表性、最能直接反映产出和效益的核心指标，精简实用；指标内涵应当明确、具体、可衡量，数据及佐证资料应当可采集、可获得；同类项目绩效评价指标和标准应具有一致性，便于评价结果相互比较。

财政和部门评价指标的权重根据各项指标在评价体系中的重要程度确定，应当突出结果导向，原则上产出、效益指标权重不低于 60%。同一评价对象处于不同实施阶段时，指标权重应体现差异性，其中，实施期间的评价更加注重决策、过程和产出，实施期结束后的评价更加注重产出和效益。

第十五条 绩效评价标准通常包括计划标准、行业标准、历史标准等，用于对绩效指标完成情况进行比较。

（一）计划标准。是指以预先制定的目标、计划、预算、定额等作为评价标准。

（二）行业标准。是指参照国家公布的行业指标数据制定的评价标准。

（三）历史标准。是指参照历史数据制定的评价标准，为体现绩效改进的原则，在可实现的条件下应当确定相对较高的评价标准。

（四）财政部门和预算部门确认或认可的其他标准。

第十六条 单位自评采用定量与定性评价相结合的比较法，总分由各项指标得分汇

总形成。

定量指标得分按照以下方法评定：与年初指标值相比，完成指标值的，记该指标所赋全部分值；对完成值高于指标值较多的，要分析原因，如果是由于年初指标值设定明显偏低造成的，要按照偏离度适度调减分值；未完成指标值的，按照完成值与指标值的比例记分。

定性指标得分按照以下方法评定：根据指标完成情况分为达成年度指标、部分达成年度指标并具有一定效果、未达成年度指标且效果较差三档，分别按照该指标对应分值区间［100%—80%（含）、80%—60%（含）、60%—0%］合理确定分值。

第十七条　财政和部门评价的方法主要包括成本效益分析法、比较法、因素分析法、最低成本法、公众评判法、标杆管理法等。根据评价对象的具体情况，可采用一种或多种方法。

（一）成本效益分析法。是指将投入与产出、效益进行关联性分析的方法。

（二）比较法。是指将实施情况与绩效目标、历史情况、不同部门和地区同类支出情况进行比较的方法。

（三）因素分析法。是指综合分析影响绩效目标实现、实施效果的内外部因素的方法。

（四）最低成本法。是指在绩效目标确定的前提下，成本最小者为优的方法。

（五）公众评判法。是指通过专家评估、公众问卷及抽样调查等方式进行评判的方法。

（六）标杆管理法。是指以国内外同行业中较高的绩效水平为标杆进行评判的方法。

（七）其他评价方法。

第十八条　绩效评价结果采取评分和评级相结合的方式，具体分值和等级可根据不同评价内容设定。总分一般设置为 100 分，等级一般划分为四档：90（含）—100 分为优、80（含）—90 分为良、60（含）—80 分为中、60 分以下为差。

第四章　绩效评价的组织管理与实施

第十九条　财政部门负责拟定绩效评价制度办法，指导本级各部门和下级财政部门开展绩效评价工作；会同有关部门对单位自评和部门评价结果进行抽查复核，督促部门充分应用自评和评价结果；根据需要组织实施绩效评价，加强评价结果反馈和应用。

第二十条 各部门负责制定本部门绩效评价办法，组织部门本级和所属单位开展自评工作，汇总自评结果，加强自评结果审核和应用；具体组织实施部门评价工作，加强评价结果反馈和应用。积极配合财政评价工作，落实评价整改意见。

第二十一条 部门本级和所属单位按照要求具体负责自评工作，对自评结果的真实性和准确性负责，自评中发现的问题要及时进行整改。

第二十二条 财政和部门评价工作主要包括以下环节：

（一）确定绩效评价对象和范围；

（二）下达绩效评价通知；

（三）研究制订绩效评价工作方案；

（四）收集绩效评价相关数据资料，并进行现场调研、座谈；

（五）核实有关情况，分析形成初步结论；

（六）与被评价部门（单位）交换意见；

（七）综合分析并形成最终结论；

（八）提交绩效评价报告；

（九）建立绩效评价档案。

第二十三条 财政和部门评价根据需要可委托第三方机构或相关领域专家（以下简称第三方，主要是指与资金使用单位没有直接利益关系的单位和个人）参与，并加强对第三方的指导，对第三方工作质量进行监督管理，推动提高评价的客观性和公正性。

第二十四条 部门委托第三方开展绩效评价的，要体现委托人与项目实施主体相分离的原则，一般由主管财务的机构委托，确保绩效评价的独立、客观、公正。

第五章　绩效评价结果应用及公开

第二十五条 单位自评结果主要通过项目支出绩效自评表的形式反映，做到内容完整、权重合理、数据真实、结果客观。财政和部门评价结果主要以绩效评价报告的形式体现，绩效评价报告应当依据充分、分析透彻、逻辑清晰、客观公正。

绩效评价工作和结果应依法自觉接受审计监督。

第二十六条 各部门应当按照要求随同部门决算向本级财政部门报送绩效自评结果。

部门和单位应切实加强自评结果的整理、分析，将自评结果作为本部门、本单位完善政策和改进管理的重要依据。对预算执行率偏低、自评结果较差的项目，要单独说明原因，提出整改措施。

第二十七条 财政部门和预算部门应在绩效评价工作完成后，及时将评价结果反馈被评价部门（单位），并明确整改时限；被评价部门（单位）应当按要求向财政部门或主管部门报送整改落实情况。

各部门应按要求将部门评价结果报送本级财政部门，评价结果作为本部门安排预算、完善政策和改进管理的重要依据；财政评价结果作为安排政府预算、完善政策和改进管理的重要依据。原则上，对评价等级为"优""良"的，根据情况予以支持；对评价等级为"中""差"的，要完善政策、改进管理，根据情况核减预算。对不进行整改或整改不到位的，根据情况相应调减预算或整改到位后再予安排。

第二十八条 各级财政部门、预算部门应当按照要求将绩效评价结果分别编入政府决算和本部门决算，报送本级人民代表大会常务委员会，并依法予以公开。

第六章 法律责任

第二十九条 对使用财政资金严重低效无效并造成重大损失的责任人，要按照相关规定追责问责。对绩效评价过程中发现的资金使用单位和个人的财政违法行为，依照《中华人民共和国预算法》《财政违法行为处罚处分条例》等有关规定追究责任；发现违纪违法问题线索的，应当及时移送纪检监察机关。

第三十条 各级财政部门、预算部门和单位及其工作人员在绩效评价管理工作中存在违反本办法的行为，以及其他滥用职权、玩忽职守、徇私舞弊等违法违纪行为的，依照《中华人民共和国预算法》《中华人民共和国公务员法》《中华人民共和国监察法》《财政违法行为处罚处分条例》等国家有关规定追究相应责任；涉嫌犯罪的，依法移送司法机关处理。

第七章 附 则

第三十一条 各地区、各部门可结合实际制定具体的管理办法和实施细则。

第三十二条 本办法自印发之日起施行。《财政支出绩效评价管理暂行办法》（财预

〔2011〕285 号）同时废止。

附：1. 项目支出绩效自评表

2. 项目支出绩效评价指标体系框架（参考）

3. 项目支出绩效评价报告（参考提纲）

附 1

<h1 style="text-align:center">项目支出绩效自评表</h1>

（　　　年度）

项目名称							
主管部门					实施单位		
项目资金 （万元）			年初预算数	全年预算数	全年执行数	分值	执行率	得分
	年度资金总额					10		
	其中：当年财政拨款					—		—
	上年结转资金					—		—
	其他资金					—		—
年度总体目标	预期目标				实际完成情况			
绩效指标	一级指标	二级指标	三级指标		年度指标值	实际完成值	分值	得分	偏差原因分析及改进措施
	产出指标	数量指标	指标1：						
			指标2：						
			……						
		质量指标	指标1：						
			指标2：						
			……						
		时效指标	指标1：						
			指标2：						
			……						
		成本指标	指标1：						
			指标2：						
			……						
	效益指标	经济效益指标	指标1：						
			指标2：						
			……						
		社会效益指标	指标1：						
			指标2：						
			……						

续表

	一级指标	二级指标	三级指标		年度指标值	实际完成值	分值	得分	偏差原因分析及改进措施
绩效指标	效益指标	生态效益指标	指标1：						
			指标2：						
			······						
		可持续影响指标	指标1：						
			指标2：						
			······						
	满意度指标	服务对象满意度指标	指标1：						
			指标2：						
			······						
总　　分							100		

附2

项目支出绩效评价指标体系框架（参考）

一级指标	二级指标	三级指标	指标解释	指标说明
决策	项目立项	立项依据充分性	项目立项是否符合法律法规、相关政策、发展规划以及部门职责，用以反映和考核项目立项依据情况	评价要点： ①项目立项是否符合国家法律法规、国民经济发展规划和相关政策； ②项目立项是否符合行业发展规划和政策要求； ③项目立项是否与部门职责范围相符，属于部门履职所需； ④项目是否属于公共财政支持范围，是否符合中央、地方事权支出责任划分原则； ⑤项目是否与相关部门同类项目或部门内部相关项目重复
		立项程序规范性	项目申请、设立过程是否符合相关要求，用以反映和考核项目立项的规范情况	评价要点： ①项目是否按照规定的程序申请设立； ②审批文件、材料是否符合相关要求； ③事前是否已经过必要的可行性研究、专家论证、风险评估、绩效评估、集体决策
	绩效目标	绩效目标合理性	项目所设定的绩效目标是否依据充分，是否符合客观实际，用以反映和考核项目绩效目标与项目实施的相符情况	评价要点： （如未设定预算绩效目标，也可考核其他工作任务目标） ①项目是否有绩效目标； ②项目绩效目标与实际工作内容是否具有相关性； ③项目预期产出效益和效果是否符合正常的业绩水平； ④是否与预算确定的项目投资额或资金量相匹配
		绩效指标明确性	依据绩效目标设定的绩效指标是否清晰、细化、可衡量等，用以反映和考核项目绩效目标的明细化情况	评价要点： ①是否将项目绩效目标细化分解为具体的绩效指标； ②是否通过清晰、可衡量的指标值予以体现； ③是否与项目目标任务数或计划数相对应
	资金投入	预算编制科学性	项目预算编制是否经过科学论证、有明确标准，资金额度与年度目标是否相适应，用以反映和考核项目预算编制的科学性、合理性情况	评价要点： ①预算编制是否经过科学论证； ②预算内容与项目内容是否匹配； ③预算额度测算依据是否充分，是否按照标准编制； ④预算确定的项目投资额或资金量是否与工作任务相匹配

续表

一级指标	二级指标	三级指标	指标解释	指标说明
决策	资金投入	资金分配合理性	项目预算资金分配是否有测算依据,与补助单位或地方实际是否相适应,用以反映和考核项目预算资金分配的科学性、合理性情况	评价要点: ①预算资金分配依据是否充分; ②资金分配额度是否合理,与项目单位或地方实际是否相适应
过程	资金管理	资金到位率	实际到位资金与预算资金的比率,用以反映和考核资金落实情况对项目实施的总体保障程度	资金到位率=(实际到位资金/预算资金)×100%。 实际到位资金:一定时期(本年度或项目期)内落实到具体项目的资金。 预算资金:一定时期(本年度或项目期)内预算安排到具体项目的资金
		预算执行率	项目预算资金是否按照计划执行,用以反映或考核项目预算执行情况	预算执行率=(实际支出资金/实际到位资金)×100%。 实际支出资金:一定时期(本年度或项目期)内项目实际拨付的资金
		资金使用合规性	项目资金使用是否符合相关的财务管理制度规定,用以反映和考核项目资金的规范运行情况	评价要点: ①是否符合国家财经法规和财务管理制度以及有关专项资金管理办法的规定; ②资金的拨付是否有完整的审批程序和手续; ③是否符合项目预算批复或合同规定的用途; ④是否存在截留、挤占、挪用、虚列支出等情况
	组织实施	管理制度健全性	项目实施单位的财务和业务管理制度是否健全,用以反映和考核财务和业务管理制度对项目顺利实施的保障情况	评价要点: ①是否已制定或具有相应的财务和业务管理制度; ②财务和业务管理制度是否合法、合规、完整
		制度执行有效性	项目实施是否符合相关管理规定,用以反映和考核相关管理制度的有效执行情况	评价要点: ①是否遵守相关法律法规和相关管理规定; ②项目调整及支出调整手续是否完备; ③项目合同书、验收报告、技术鉴定等资料是否齐全并及时归档; ④项目实施的人员条件、场地设备、信息支撑等是否落实到位
产出	产出数量	实际完成率	项目实施的实际产出数与计划产出数的比率,用以反映和考核项目产出数量目标的实现程度	实际完成率=(实际产出数/计划产出数)×100%。 实际产出数:一定时期(本年度或项目期)内项目实际产出的产品或提供的服务数量。 计划产出数:项目绩效目标确定的在一定时期(本年度或项目期)内计划产出的产品或提供的服务数量

续表

一级指标	二级指标	三级指标	指标解释	指标说明
产出	产出质量	质量达标率	项目完成的质量达标产出数与实际产出数的比率，用以反映和考核项目产出质量目标的实现程度	质量达标率＝（质量达标产出数/实际产出数）×100%。质量达标产出数：一定时期（本年度或项目期）内实际达到既定质量标准的产品或服务数量。既定质量标准是指项目实施单位设立绩效目标时依据计划标准、行业标准、历史标准或其他标准而设定的绩效指标值
	产出时效	完成及时性	项目实际完成时间与计划完成时间的比较，用以反映和考核项目产出时效目标的实现程度	实际完成时间：项目实施单位完成该项目实际所耗用的时间。计划完成时间：按照项目实施计划或相关规定完成该项目所需的时间
	产出成本	成本节约率	完成项目计划工作目标的实际节约成本与计划成本的比率，用以反映和考核项目的成本节约程度	成本节约率＝[（计划成本−实际成本）/计划成本]×100%。实际成本：项目实施单位如期、保质、保量完成既定工作目标实际所耗费的支出。计划成本：项目实施单位为完成工作目标计划安排的支出，一般以项目预算为参考
效益	项目效益	实施效益	项目实施所产生的效益	项目实施所产生的社会效益、经济效益、生态效益、可持续影响等。可根据项目实际情况有选择地设置和细化
		满意度	社会公众或服务对象对项目实施效果的满意程度	社会公众或服务对象是指因该项目实施而受到影响的部门（单位）、群体或个人。一般采取社会调查的方式

附 3

项目支出绩效评价报告

（参考提纲）

一、基本情况

（一）项目概况。包括项目背景、主要内容及实施情况、资金投入和使用情况等。

（二）项目绩效目标。包括总体目标和阶段性目标。

二、绩效评价工作开展情况

（一）绩效评价目的、对象和范围。

（二）绩效评价原则、评价指标体系（附表说明）、评价方法、评价标准等。

（三）绩效评价工作过程。

三、综合评价情况及评价结论（附相关评分表）

四、绩效评价指标分析

（一）项目决策情况。

（二）项目过程情况。

（三）项目产出情况。

（四）项目效益情况。

五、主要经验及做法、存在的问题及原因分析

六、有关建议

七、其他需要说明的问题

内蒙古自治区财政厅 生态环境厅关于印发《内蒙古自治区应对气候变化及低碳发展专项资金管理办法》的通知

内财资环〔2020〕1233 号

各盟市财政局、生态环境局，满洲里、二连浩特市财政局、生态环境局：

为进一步加强自治区应对气候变化及低碳发展专项资金管理，提高资金使用效益，自治区财政厅、生态环境厅制定了《内蒙古自治区应对气候变化及低碳发展专项资金管理办法》，现印发给你们，请遵照执行。执行中的问题请及时函告。

内蒙古自治区财政厅 内蒙古自治区生态环境厅

2020 年 9 月 24 日

内蒙古自治区应对气候变化及
低碳发展专项资金管理办法

第一章　总　则

第一条　为进一步规范和加强自治区应对气候变化和低碳发展专项资金管理，提高资金使用效益，根据《中华人民共和国预算法》、《内蒙古自治区对下专项转移支付管理办法》（内政办发〔2016〕134 号）、《内蒙古自治区本级项目支出预算管理办法》（内政办发〔2016〕136 号）、《内蒙古自治区关于全面实施预算绩效管理的实施意见》等相关规定，结合自治区实际，制定本办法。

第二条　本办法所称应对气候变化及低碳发展专项资金（以下简称"专项资金"），是指自治区本级预算安排用于引导和支持我区应对气候变化和低碳发展的财政性补助资金。专项资金重点支持有利于明显控制和减少温室气体排放效应项目。

第三条　专项资金使用遵循以下原则

（一）突出重点。资金主要支持应对气候变化基础工作和能力体系建设，以及推进重点领域低碳试点等。

（二）引导带动。坚持社会和企业投入为主，政府投入为辅，充分发挥财政资金的引导带动作用，引导金融及其他社会资本投入，加大应对气候变化的支持力度，推动可持续发展。

（三）绩效管理。实施全过程预算绩效管理，强化资金监管，充分发挥资金效益。

第四条　自治区财政厅会同生态环境厅根据自治区应对气候变化及低碳发展规划要求，确定专项资金年度支持重点，组织项目申报、建立项目库、专家评审、绩效评价等管理工作。

自治区财政厅牵头负责制定专项资金管理办法；负责审核专项资金分配建议、编制和下达专项资金预算；参与项目评审；监督预算执行和管理；组织实施专项资金监督检查和预算项目绩效管理等。

自治区生态环境厅牵头负责组织专项资金项目评审、项目库建设、专家库建立等工作；研究提出年度专项资金分配建议；会同财政厅开展专项资金监督检查和预算绩效管理等。

第二章　支持范围和方式

第五条　专项资金重点支持自治区内开展碳汇交易的企业、从事与应对气候变化及低碳发展有关的企事业单位。主要包括：

（一）支持节能与能效提高、清洁能源开发和利用，以及与此相关的农牧业、工业制造业、服务业和其他具有减缓、降低或适应气候变化效益的项目。

（二）支持能力体系建设，即温室气体清单编制、参与温室气体自愿减排交易项目的创新方法研究，碳排放权交易体系建设、综合评价与统计体系建设等。

（三）试点示范项目，即以低碳排放为特征的产业化示范项目；推进低碳发展和生态文明建设试点示范项目；降碳增汇项目等。

（四）自治区党委、政府确定的应对气候变化有关工作事项。

具体年度支持重点在年度申报通知中明确。专项资金不支持已获得国家或自治区相关低碳发展资金已支持的项目。

第六条　专项资金分别采取专项补助和以奖代补方式。

第三章　项目申报和管理

第七条　自治区生态环境厅、财政厅根据自治区应对气候变化及低碳发展情况和工作重点，发布年度专项资金项目申报通知。

第八条　各盟市、旗县生态环境部门会同同级财政部门按申报通知要求组织项目申报，由盟市对所申报项目进行认真审核汇总，联合上报自治区生态环境厅、财政厅。

第九条　自治区直属机关、企事业单位由单位主管部门或企业集团向自治区生态环境厅、财政厅直接申报。

中央驻内蒙古单位按照属地原则逐级申报。

第十条 自治区生态环境厅、财政厅对各盟市和主管部门择优推荐的项目，经专家评审后纳入自治区应对气候变化及低碳发展项目储备库。项目库实行动态管理，对政策到期的，或超过 2 年未支持的，以及实施成效差、效益低的项目，按相关程序执行退库管理。

第四章　资金分配和下达

第十一条 专项资金采用项目法和因素法相结合的方式分配。

第十二条 落实自治区党委、政府部署的应对气候变化重点工作和任务原则上采取项目法。

第十三条 专项资金分配因素主要参考控制温室气体排放目标任务、纳入全区碳排放交易市场重点排放单位数量、各类低碳试点示范数量、碳汇储备与碳汇潜力、能源结构优化、低碳产业体系建设、基础能力支撑情况、国家和自治区相关政策要求等 8 个方面因素。具体权重以每年支持重点和项目类别分类确定，权重和因素指标保持相对固定。

第十四条 自治区生态环境厅结合评审结果和当年资金规模，应在自治区人大批复预算后 45 日内提出资金分配建议和绩效目标，经自治区财政厅审核后，连同绩效目标一同下达。专项资金预算一经下达，不得随意调整，如确需调整应按原渠道和程序报批。

第十五条 资金支付按照国库集中支付制度规定执行。涉及政府采购的，应按照政府采购有关法律制度规定执行。

第五章　监督检查和绩效管理

第十六条 各级财政部门应加强专项资金监督管理，建立健全专项资金监管机制。监督项目单位专款专用，不得弄虚作假、随意调整，严禁挤占、截留和挪用。各级生态环境部门要加强对项目库管理，强化项目工程动态管理，督促项目单位加快项目实施和资金拨付，切实提高资金使用绩效。结余结转资金，按照财政结余结转相关政策执行。

第十七条 各级财政部门会同生态环境部门共同负责专项资金绩效和项目实施绩效管理。项目单位在项目实施结束后，要对项目进行绩效自评，将自评报告报同级生态环境和财政部门审定，并将审定结果报自治区生态环境厅和财政厅备案。自治区将不定期组织或委托第三方对项目专项资金使用及项目实施开展绩效评价工作。盟市和项目单位要强化绩效日常管理工作，对绩效管理中发现的问题，应按照有关程序及时报自治区生态环境厅、财政厅。

第六章　附　则

第十八条　项目单位要对申报材料真实性、合理性和专项资金使用、项目绩效等情况负责。对提供虚假申报材料、恶意串通等骗取专项资金的；相关部门及其工作人员截留、挪用、骗取专项资金，违规分配或使用专项资金的；滥用职权、玩忽职守、徇私舞弊等违法违纪行为的，按照有关规定追究相应责任，涉嫌犯罪的，移送司法机关处理。

第十九条　资金管理办法自实施日起暂定 5 年内有效，法律行政法规另有规定，确需变更时，另发文通知。各盟市可参照本办法制定具体实施细则。

第二十条　本办法自发布之日起 30 日后施行。《内蒙古自治区应对气候变化及低碳发展专项资金管理办法》（内财建规〔2015〕17 号）同时废止。

第二十一条　本办法由自治区财政厅、生态环境厅负责解释。

内蒙古自治区人民政府办公厅关于印发《内蒙古自治区项目支出绩效评价管理办法》的通知

内政办发〔2021〕5 号

各盟行政公署、市人民政府，自治区各委、办、厅、局，各大企业、事业单位：

经自治区人民政府同意，现将《内蒙古自治区项目支出绩效评价管理办法》印发给你们，请结合实际，认真贯彻落实。

内蒙古自治区人民政府办公厅

2021 年 1 月 22 日

内蒙古自治区项目支出绩效评价管理办法

第一章　总　则

第一条　为全面实施预算绩效管理，规范财政项目支出绩效评价工作，提高绩效评价工作质量和水平，根据《中华人民共和国预算法》《中华人民共和国预算法实施条例》《中共中央　国务院关于全面实施预算绩效管理的意见》（中发〔2018〕34号）、《财政部关于印发〈项目支出绩效评价管理办法〉的通知》（财预〔2020〕10号）等有关法律、规章和文件精神，结合自治区实际，制定本办法。

第二条　本办法适用于一般公共预算、政府性基金预算、国有资本经营预算安排的项目支出，与预算资金及相关活动有关的政府投资基金、主权财富基金、政府和社会资本合作（PPP）、政府购买服务、政府债务项目等绩效评价可参照本办法执行。

第三条　项目支出是部门支出的组成部分，是各部门或单位为完成其特定的行政工作任务或事业发展目标，在基本支出之外编制的年度项目支出。包括基本建设项目，有关事业发展专项计划、工程、基金项目，专项业务项目，大型修缮、大型购置、大型会议、科技专项、农业综合开发、政策性补贴、对外援助、支援不发达地区等项目。

第四条　项目支出绩效评价（以下简称绩效评价）是指财政部门、预算部门和单位依据设定的绩效目标，对项目支出的经济性、效率性、效益性和公平性进行客观、公正的测量、分析和评判。

第五条　本办法所称绩效评价包括单位自评、部门评价和财政评价。单位自评是指项目单位按照有关规定和要求对绩效目标完成情况进行自我评价。部门评价是指各级预算部门根据相关要求，运用科学、合理的绩效评价指标、评价标准和评价方法对本部门项目组织开展的绩效评价。财政评价是指财政部门对预算部门的项目组织开展的绩效评价。

履行国有资本经营预算单位出资人职责（主管）部门对所监管企业项目组织开展的绩效评价应当纳入部门评价范畴。

第六条 绩效评价期限包括年度、中期及项目期结束后；对于实施期 5 年（含）以上的项目，应适时开展中期和实施期后绩效评价。

第二章 绩效评价原则、依据和标准

第七条 绩效评价应当遵循以下基本原则：

（一）科学公正。绩效评价应当运用科学合理的方法，按照规范的程序，对项目绩效进行客观、公正的反映；

（二）统筹兼顾。单位自评、部门和财政评价应职责明确，各有侧重，相互衔接。单位自评应由项目单位自主实施，部门评价和财政评价应当在单位自评的基础上开展，必要时可委托第三方机构实施；

（三）激励约束。绩效评价结果与预算安排、政策调整、改进管理实质性挂钩，体现奖优罚劣和激励相容导向，有效要安排、低效要压减、无效要问责；

（四）公开透明。绩效评价结果依法依规公开，并自觉接受社会监督。

第八条 绩效评价的主要依据：

（一）国家相关法律、法规和规章制度；

（二）党中央、国务院重大决策部署，经济社会发展目标；自治区各级党委和政府重点工作安排、重点任务要求以及经济社会发展目标；

（三）部门职责相关规定；

（四）相关行业政策、行业标准、行业规划及专业技术规范；

（五）预算管理制度及办法，项目及资金管理办法、财务和会计资料；

（六）项目设立的政策依据和目标，项目批复文件，预算执行情况，年度决算报告、项目决算或验收报告等相关材料；

（七）本级人大审查结果报告、审计报告及决定，财政监督稽核报告等；

（八）其他相关资料。

第九条 绩效评价标准主要用于对绩效指标完成情况进行比较，包括：

（一）计划标准。指以预先制定的目标、计划、预算、定额等作为评价标准；

（二）行业标准。指参照国家公布的行业指标数据制定的评价标准；

（三）历史标准。指参照历史数据制定的评价标准，为体现绩效改进的原则，在可实现的条件下应当确定相对较高的评价标准；

（四）按财政部门和预算部门相关规定确认或认可的其他标准。

第三章　单位自评组织实施

第十条　单位自评对象包括纳入政府预算管理的所有项目支出，按照"谁支出、谁自评"原则，自评工作由项目单位具体负责实施。

第十一条　单位自评内容主要包括：项目总体绩效目标、各项绩效指标完成情况以及预算执行情况。对未完成绩效目标或偏离绩效目标较大的项目应当分析并说明原因，研究提出改进措施。

第十二条　单位自评指标是预算批复时确定的绩效指标或申请上级专项资金时确定的绩效指标，包括项目的产出数量、质量、时效、成本，以及经济效益、社会效益、生态效益、可持续影响、服务对象满意度等。

第十三条　单位自评指标的权重由各单位根据项目实际情况确定。原则上预算执行率和一级指标权重统一设置为：预算执行率 10%、产出指标 50%、效益指标 30%、服务对象满意度指标 10% 。如有特殊情况，一级指标权重可做适当调整。二、三级指标应当根据指标重要程度、项目实施阶段等因素综合确定，准确反映项目的产出和效益。有关部门另有规定的，从其规定。

第十四条　单位自评采用定量与定性评价相结合的比较法，总分由各项指标得分汇总形成。

第十五条　定量指标得分按照以下方法评定：

（一）与年初或项目设定指标值相比，完成指标值的，记该指标所赋全部分值；

（二）对完成值高于指标值较多的，应当分析原因，如果是由于年初或项目指标值设定明显偏低造成的，应当按照偏离度适当调减分值；

（三）未完成指标值的，按照完成值与指标值的比例记分。

第十六条　定性指标得分按照以下方法评定：根据指标完成情况分为达成年度指标、部分达成年度指标并具有一定效果、未达成年度指标且效果较差三档，分别按照该指标对应分值区间 100%—80%（含）、80%—60%（含）、60%—0%合理确定分值。

第十七条　单位自评主要通过项目支出绩效自评表和自评报告的形式反映，自评结果应当做到内容完整、权重合理、数据真实、结果客观。项目单位对自评结果的真实性和准确性负责。

第十八条　有关主管部门和财政部门根据工作需要，对单位自评结果进行抽查核验。对抽查核验发现的问题，项目单位应当及时整改落实。

第四章　部门和财政评价组织实施

第十九条　部门和财政评价实行年度计划管理，年初预算部门、财政部门应当统筹研究确定当年绩效评价工作计划，预算部门应当将绩效评价工作计划报同级财政部门备案。

第二十条　根据工作需要，评价部门应当优先选取部门履职的重大改革发展项目作为评价对象，原则上应当以 5 年为周期，实现部门评价重点项目全覆盖，一般性项目的绩效评价可随机选择。财政部门应当优先选择贯彻落实党中央、国务院重大方针政策和决策部署及自治区党委和政府工作要求的项目，以及覆盖面广、影响力大、社会关注度高、实施期长的项目作为评价对象。对重点项目应周期性组织开展绩效评价。

第二十一条　建立绩效评价抽查机制，各级财政部门应当每年抽取一定数量的部门评价项目，对评价结果的真实性、准确性等进行复核，以提高评价结果的客观性。复核工作主要结合日常掌握情况，采取审核绩效自评或评价材料、查阅支撑台账资料、实地延伸核实关键指标完成情况等方式开展，抽查中发现的问题须及时反馈部门核实整改。

第二十二条　部门和财政评价委托第三方机构实施时，应当按照有关制度办法，对第三方机构及工作质量进行事前、事中、事后全过程监督管理，并对第三方机构出具的评价报告建立评审制度，切实提高绩效评价质量。

第二十三条　部门和财政评价内容主要包括：项目立项情况、绩效目标和绩效指标设定情况、资金管理和使用情况、相关管理制度办法的健全性及执行情况、实现的产出情况、取得的效益情况、服务对象满意度情况、其他相关内容等。

第二十四条　评价工作主要包括以下环节：

（一）确定绩效评价对象和范围；

（二）下达绩效评价通知；

（三）研究制定绩效评价工作方案；

（四）收集相关数据资料，并进行现场调研、座谈；

（五）核实有关情况，分析形成初步结论；

（六）与被评价部门（单位）交换意见；

（七）综合分析并形成最终结论；

（八）提交绩效评价报告；

（九）建立绩效评价档案。

第二十五条　绩效评价通知应当明确评价任务、评价对象、评价内容、评价工作进程安排、项目单位需提供的资料等，在组织实施评价前下达有关部门、单位。

第二十六条　评价工作方案应当符合可行性、全面性和简明性原则，评价内容、方法、步骤和时间节点安排科学合理。

第二十七条　财政和部门评价根据需要可委托第三方机构或相关领域专家参与。相关领域专家包括项目所涉及领域（行业）专家、财务（财政）管理专家、绩效管理专家等。第三方机构和专家人员数量、专业结构及业务能力应当满足评价工作需要，并充分考虑利益关系回避、成员稳定性等因素。

第二十八条　第三方机构或专家应当在与项目单位充分沟通的基础上，考虑完整性、重要性、相关性、可比性、可行性和经济性、有效性等因素，科学编制绩效评价指标体系，合理分配指标权重，以充分体现和客观反映项目绩效状况以及绩效目标实现程度。

第二十九条　评价指标应当符合以下要求：

（一）与评价对象密切相关，全面反映项目决策、项目和资金管理、产出和效益；

（二）优先选取最具代表性、最能直接反映产出和效益的核心指标，精简实用；

（三）指标内涵应当明确、具体、可衡量，数据及佐证资料应当可采集、可获得；

（四）同类项目绩效评价指标和标准应具有一致性，便于评价结果相互比较。

第三十条　评价指标的权重根据各项指标在评价体系中的重要程度确定，应当突出结果导向，原则上产出、效益指标权重不低于60%，特殊情况可做适当调整。项目处于不同实施阶段时，指标权重应当体现差异性，其中，实施期间的评价更加注重决策、过程和产出，实施期结束后的评价更加注重产出和效益。

第三十一条　绩效评价原则上应采取现场和非现场评价相结合的方式。

（一）现场评价，是指评价人员到项目现场采取勘察、询查、复核或与项目单位座谈等方式，对有关情况进行核实、对所掌握的资料进行分析、对项目进行评价的过程。现场评价范围根据委托方要求确定，原则上不低于具体项目单位（或项目数量）总数的30%、项目预算总额的30%；

（二）非现场评价，是指评价人员对项目单位提供的项目相关资料和各种公开数据资料进行分类、汇总和分析，对项目进行评价的过程。非现场评价原则上需覆盖所有与项目实施有关的单位和投入到项目的资金。

第三十二条　评价方法主要包括成本效益分析法、比较法、因素分析法、最低成本法、公众评判法、标杆管理法等。根据评价对象的具体情况，可采用一种或多种方法。

（一）成本效益分析法。是指将投入与产出、效益进行关联性分析的方法；

（二）比较法。是指将实施情况与绩效目标、历史情况、不同部门和地区同类支出情况进行比较的方法；

（三）因素分析法。是指综合分析影响绩效目标实现、实施效果的内外部因素的方法；

（四）最低成本法。是指在绩效目标确定的前提下，成本最小者为优的方法；

（五）公众评判法。是指通过专家评估、公众问卷及抽样调查等方式进行评判的方法；

（六）标杆管理法。是指以国内外同行业中较高的绩效水平为标杆进行评判的方法；

（七）其他评价方法。

第三十三条　评价工作组应当在对现场评价和非现场评价情况进行梳理、汇总、分析的基础上，对项目总体情况进行综合评价，形成评价结果并撰写绩效评价报告。

第三十四条　评价结果采取评分和评级相结合的方式，具体分值和等级可根据不同评价内容设定。总分一般设置为100分，等级一般划分为四档：90（含）—100分为优、80（含）—90分为良、60（含）—80分为中、60分以下为差。

第三十五条　绩效评价报告应当全面阐述所评价项目的基本情况，说明评价组织实施情况，并在全面分析总结评价的基础上，对照评价指标体系做出具体绩效分析和结论。对项目绩效、主要问题分析等应当做到数据真实、内容完整、案例翔实、依据充分、分析透彻、结论准确，所提建议应当具有针对性和可行性。

第五章　绩效评价结果应用及公开

第三十六条　项目单位应当切实加强单位自评结果的整理、分析，将自评结果作为本单位完善政策、制度和改进管理的重要依据。对预算执行率偏低、自评结果较差的项目，应当单独说明原因，提出整改措施。

第三十七条　部门和财政评价工作完成后，评价方应当及时将评价结果反馈被评价对象并明确整改时限。被评价对象应当按要求报送整改落实情况，对于评价结果与自评结果差异较大的，应当深刻分析产生差异的原因，进一步改进相关工作。评价部门应当按要求将部门评价结果及时报送本级财政部门。

第三十八条 财政部门应当对预算部门的重点绩效评价结果应用和整改情况进行全面审核，并重点选取部分项目开展专项核查，督促加强评价结果应用。

第三十九条 部门评价结果作为本部门安排预算、完善政策和改进管理的重要依据；财政评价结果作为安排政府预算、完善政策和改进管理的重要依据。原则上，对评价等级为"优""良"的，根据情况予以支持；对评价等级为"中""差"的，应当完善政策、改进管理，根据情况核减预算。对不进行整改或整改不到位的，根据情况相应调减预算或整改到位后再予安排。

第四十条 绩效评价工作和结果依法接受人大、审计和财政等部门监督和社会监督。

第四十一条 单位自评结果、部门评价和财政评价结果应当按要求编入政府决算和本部门决算，报送本级人大常委会（工委），并依法予以公开。

第六章　法律责任

第四十二条 对使用财政资金严重低效无效并造成重大损失的责任人，应当按照相关规定追责问责。对绩效评价过程中发现的财政违法行为，依照《中华人民共和国预算法》《财政违法行为处罚处分条例》等有关法律法规，追究资金使用单位和个人的相关责任；发现违纪违法问题线索的，应当及时移送纪检监察机关。

第四十三条 各级财政部门、预算部门和单位及其工作人员在绩效评价工作中存在违反本办法的行为，以及其他滥用职权、玩忽职守、徇私舞弊等违法违纪行为的，依照《中华人民共和国预算法》《中华人民共和国公务员法》《中华人民共和国监察法》《财政违法行为处罚处分条例》等国家有关规定追究相应责任；涉嫌犯罪的，依法移送司法机关处理。

第七章　附　则

第四十四条 本办法实施过程中的具体问题，由自治区财政厅负责解释。

第四十五条 对于新增项目（政策）或项目（政策）到期后需继续执行的，应当参照有关事前绩效评估办法开展事前绩效评估，评估结果作为申请预算必备条件和预算安排的重要参考依据。

第四十六条 本办法自印发之日起施行。《内蒙古自治区人民政府办公厅关于印发〈内蒙古自治区财政支出绩效评价管理办法〉的通知》（内政办发〔2016〕171 号）同时废止。

　　附件：1. 项目支出绩效自评表

　　　　　2. 项目支出绩效评价指标体系框架（参考）

　　　　　3. 项目支出绩效评价报告（参考提纲）

　　　　　4. 项目支出绩效自评报告（参考提纲）

附件 1

<h1 style="text-align:center">项目支出绩效自评表</h1>

（　　年度）

项目名称								
主管部门						实施单位		
项目资金 （万元）			年初 预算数	全年 预算数	全年 执行数	分值	执行率	得分
	年度资金总额					10		
	其中：当年财政拨款					—		—
	上年结转资金					—		—
	其他资金					—		—
年度 总体 目标	预期目标				实际完成情况			
绩效指标	一级指标	二级指标	三级指标	年度 指标值	实际 完成值	分值	得分	偏差原因分析 及改进措施
	产出指标	数量指标	指标1：					
			指标2：					
			……					
		质量指标	指标1：					
			指标2：					
			……					
		时效指标	指标1：					
			指标2：					
			……					
		成本指标	指标1：					
			指标2：					
			……					
	效益指标	经济效益 指标	指标1：					
			指标2：					
			……					
		社会效益 指标	指标1：					
			指标2：					
			……					

续表

一级指标	二级指标	三级指标		年度指标值	实际完成值	分值	得分	偏差原因分析及改进措施
绩效指标	效益指标	生态效益指标	指标1:					
			指标2:					
			……					
		可持续影响指标	指标1:					
			指标2:					
			……					
	满意度指标	服务对象满意度指标	指标1:					
			指标2:					
			……					
总　　分						100		

附件 2

项目支出绩效评价指标体系框架（参考）

一级指标	二级指标	三级指标	指标解释	指标说明
决策	项目立项	立项依据充分性	项目立项是否符合法律法规、相关政策、发展规划以及部门职责，用以反映和考核项目立项的依据情况	评价要点： ①项目立项是否符合国家法律法规、国民经济发展规划和相关政策； ②项目立项是否符合行业发展规划和政策要求； ③项目立项是否与部门职责范围相符，属于部门履职所需； ④项目是否属于公共财政支持范围，是否符合中央、地方事权支出责任划分原则； ⑤项目是否与相关部门同类项目或部门内部相关项目重复
		立项程序规范性	项目申请、设立过程是否符合相关要求，用以反映和考核项目立项的规范情况	评价要点： ①项目是否按照规定的程序申请设立； ②审批文件、材料是否符合相关要求； ③事前是否已经过必要的可行性研究、专家论证、风险评估、绩效评估、集体决策
	绩效目标	绩效目标合理性	项目所设定的绩效目标是否依据充分，是否符合客观实际，用以反映和考核项目绩效目标与项目实施的相符情况	评价要点： （如未设定预算绩效目标，也可考核其他工作任务目标） ①项目是否有绩效目标； ②项目绩效目标与实际工作内容是否具有相关性； ③项目预期产出效益和效果是否符合正常的业绩水平； ④是否与预算确定的项目投资额或资金量相匹配
		绩效指标明确性	依据绩效目标设定的绩效指标是否清晰、细化、可衡量等，用以反映和考核项目绩效目标的明细化情况	评价要点： ①是否将项目绩效目标细化分解为具体的绩效指标； ②是否通过清晰、可衡量的指标值予以体现； ③是否与项目目标任务数或计划数相对应
	资金投入	预算编制科学性	项目预算编制是否经过科学论证、有明确标准，资金额度与年度目标是否相适应，用以反映和考核项目预算编制的科学性、合理性情况	评价要点： ①预算编制是否经过科学论证； ②预算内容与项目内容是否匹配； ③预算额度测算依据是否充分，是否按照标准编制； ④预算确定的项目投资额或资金量是否与工作任务相匹配

续表

一级 指标	二级 指标	三级指标	指标解释	指标说明
决策	资金 投入	资金分配 合理性	项目预算资金分配是否有测算依据,与补助单位或地方实际是否相适应,用以反映和考核项目预算资金分配的科学性、合理性情况	评价要点: ①预算资金分配依据是否充分; ②资金分配额度是否合理,与项目单位或地方实际是否相适应
过程	资金 管理	资金 到位率	实际到位资金与预算资金的比率,用以反映和考核资金落实情况对项目实施的总体保障程度	资金到位率=（实际到位资金/预算资金）×100%。 实际到位资金:一定时期（本年度或项目期）内落实到具体项目的资金。 预算资金:一定时期（本年度或项目期）内预算安排到具体项目的资金
		预算 执行率	项目预算资金是否按照计划执行,用以反映或考核项目预算执行情况	预算执行率=（实际支出资金/实际到位资金）×100%。 实际支出资金:一定时期（本年度或项目期）内项目实际拨付的资金
		资金使用 合规性	项目资金使用是否符合相关的财务管理制度规定,用以反映和考核项目资金的规范运行情况	评价要点: ①是否符合国家财经法规和财务管理制度以及有关专项资金管理办法的规定; ②资金的拨付是否有完整的审批程序和手续; ③是否符合项目预算批复或合同规定的用途; ④是否存在截留、挤占、挪用、虚列支出等情况
	组织 实施	管理制度 健全性	项目实施单位的财务和业务管理制度是否健全,用以反映和考核财务和业务管理制度对项目顺利实施的保障情况	评价要点: ①是否已制定或具有相应的财务和业务管理制度; ②财务和业务管理制度是否合法、合规、完整
		制度执行 有效性	项目实施是否符合相关管理规定,用以反映和考核相关管理制度的有效执行情况	评价要点: ①是否遵守相关法律法规和相关管理规定; ②项目调整及支出调整手续是否完备; ③项目合同书、验收报告、技术鉴定等资料是否齐全并及时归档; ④项目实施的人员条件、场地设备、信息支撑等是否落实到位

续表

一级指标	二级指标	三级指标	指标解释	指标说明
产出	产出数量	实际完成率	项目实施的实际产出数与计划产出数的比率，用以反映和考核项目产出数量目标的实现程度	实际完成率=（实际产出数/计划产出数）×100%。 实际产出数：一定时期（本年度或项目期）内项目实际产出的产品或提供的服务数量。 计划产出数：项目绩效目标确定的在一定时期（本年度或项目期）内计划产出的产品或提供的服务数量
	产出质量	质量达标率	项目完成的质量达标产出数与实际产出数的比率，用以反映和考核项目产出质量目标的实现程度	质量达标率=（质量达标产出数/实际产出数）×100%。 质量达标产出数：一定时期（本年度或项目期）内实际达到既定质量标准的产品或服务数量。既定质量标准是指项目实施单位设立绩效目标时依据计划标准、行业标准、历史标准或其他标准而设定的绩效指标值
	产出时效	完成及时性	项目实际完成时间与计划完成时间的比较，用以反映和考核项目产出时效目标的实现程度	实际完成时间：项目实施单位完成该项目实际所耗用的时间。 计划完成时间：按照项目实施计划或相关规定完成该项目所需的时间
	产出成本	成本节约率	完成项目计划工作目标的实际节约成本与计划成本的比率，用以反映和考核项目的成本节约程度	成本节约率=［（计划成本−实际成本）/计划成本］×100%。 实际成本：项目实施单位如期、保质、保量完成既定工作目标实际所耗费的支出。 计划成本：项目实施单位为完成工作目标计划安排的支出，一般以项目预算为参考
效益	项目效益	实施效益	项目实施所产生的效益	项目实施所产生的社会效益、经济效益、生态效益、可持续影响等。可根据项目实际情况有选择地设置和细化
		满意度	社会公众或服务对象对项目实施效果的满意程度	社会公众或服务对象是指因该项目实施而受到影响的部门（单位）、群体或个人。一般采取社会调查的方式

附件 3

项目支出绩效评价报告
（参考提纲）

一、基本情况

（一）项目概况。包括项目背景、主要内容及实施情况、资金投入和使用情况等。

（二）项目绩效目标。包括总体目标和阶段性目标。

二、绩效评价工作开展情况

（一）绩效评价目的、对象和范围。

（二）绩效评价原则、评价指标体系（附表说明）、评价方法、评价标准等。

（三）绩效评价工作过程。包括前期准备、组织实施和评价分析、沟通反馈等。

三、综合评价分析情况及评价结论（附相关评分表）

四、绩效评价指标分析（结合评价指标体系进行分析）

（一）项目决策情况。

（二）项目过程情况。

（三）项目产出情况。

（四）项目效益情况。

五、主要经验及做法、存在的问题及原因分析

六、有关建议

七、其他需说明的问题

附件 4

项目支出绩效自评报告
（参考提纲）

一、项目基本情况

（一）项目基本情况简介。
（二）绩效目标设定及指标完成情况。

二、绩效自评工作情况

（一）绩效自评目的。
（二）项目资金投入情况。
（三）项目资金产出情况。
（四）项目资金管理情况。

三、项目绩效情况

（一）产出指标完成情况。
（二）效益指标完成情况。
（三）自评得分情况。

四、存在问题

（一）项目立项、实施存在问题。
（二）资金管理使用存在问题。

五、其他需要说明的问题

（一）后续工作计划。
（二）措施及办法。

内蒙古自治区财政厅关于印发《内蒙古自治区本级部门预算绩效目标管理办法》的通知

内财预〔2016〕1822 号

自治区各部、委、办、厅、局和各人民团体、各大企事业单位：

为了全面推进预算绩效管理工作，进一步规范自治区本级部门预算绩效目标管理，提高财政资金使用效益，根据《中华人民共和国预算法》、《国务院关于深化预算管理制度改革的决定》（国发〔2014〕45 号）和《自治区政府办公厅关于推进预算绩效管理工作的意见》（内政办发〔2014〕70 号）等有关规定，经自治区人民政府同意，我们制定了《内蒙古自治区本级部门预算绩效目标管理办法》。现予印发，请遵照执行。

内蒙古自治区财政厅

2016 年 11 月 28 日

内蒙古自治区本级部门预算
绩效目标管理办法

第一章 总 则

第一条 为进一步加强预算绩效管理，提高自治区本级部门预算绩效目标管理的科学性、规范性和有效性，强化预算支出责任和效率，建立科学、规范的预算绩效目标管理机制，根据《中华人民共和国预算法》、《国务院关于深化预算管理制度改革的决定》（国发〔2014〕45号）和《内蒙古自治区人民政府办公厅关于推进预算绩效管理工作的意见》（内政办发〔2014〕70号）等有关规定，结合我区预算管理实际，制定本办法。

第二条 绩效目标是指财政预算资金计划在一定期限内达到的产出和效果。

绩效目标是建设项目库、编制部门预算、实施绩效监控、开展绩效评价等的重要基础和依据。

第三条 本办法所称绩效目标：

（一）按照预算支出的范围和内容划分，包括基本支出绩效目标、项目支出绩效目标、部门（单位）整体支出绩效目标。

基本支出绩效目标是指自治区本级部门预算中安排的基本支出在一定期限内对本部门（单位）正常运转的预期保障程度。一般不单独设定，但需纳入部门（单位）整体支出绩效目标统筹考虑。

项目支出绩效目标是指自治区本级部门依据部门职责和事业发展要求，设立并通过预算安排的项目支出，年度执行中追加的用于支持经济社会事业发展的专项支出，以及部门申请使用的中央对我区专项转移支付，在一定期限内预期达到的产出和效果。

部门（单位）整体支出绩效目标是指自治区本级部门（单位）按照确定的职责，利用全部部门预算资金在一定期限内预期达到的总体产出和效果。

（二）按照时效性划分，包括中长期绩效目标和年度绩效目标。

中长期绩效目标是指自治区本级部门预算资金在跨度多年的计划期内预期达到的

产出和效果。

年度绩效目标是指自治区本级部门预算资金在一个预算年度内预期达到的产出和效果。

第四条 绩效目标管理是指自治区财政厅和本级部门（单位）以绩效目标为对象，以绩效目标的设定、审核、批复、监控、评价和结果运用等为主要内容所开展的预算管理活动。

第五条 绩效目标的管理对象是纳入自治区本级部门预算管理的全部资金。

第六条 绩效目标一经批复，作为建设项目库、编制部门预算、执行项目预算、实施绩效监控、开展绩效评价等的重要基础和依据。

第二章 职责分工

第七条 自治区财政厅和本级部门（单位）是绩效目标管理的主体。绩效管理工作具体由自治区财政厅统一组织，按照财政部门、本级部门、预算单位分级管理的原则实施。

第八条 自治区财政厅职责：

（一）负责自治区本级部门预算绩效目标管理总体组织指导工作；

（二）制定绩效目标管理工作规范，明确绩效目标管理工作要求；

（三）健全完善配套专家库、中介机构库、指标体系库，建立预算绩效管理信息系统；

（四）指导监督绩效目标申报工作，审核和批复绩效目标；

（五）指导督促自治区本级部门依据绩效目标开展绩效目标运行监控，组织实施重点绩效评价或再评价；

（六）依据绩效目标管理情况，确定绩效目标具体应用方式。

第九条 自治区本级部门职责：

（一）作为本级部门（单位）预算绩效目标管理的责任主体，负责部门管理财政资金的预算绩效目标编制、审核、汇总和上报等工作；

（二）按照自治区财政厅下达、批复的审核意见，修正调整预算绩效目标，完成本部门的预算绩效目标管理工作，组织、指导所属单位的绩效目标管理工作，并批复绩效目标；

（三）组织开展本级部门（单位）的绩效目标自评工作，并配合自治区财政厅开展绩效目标评审工作，落实自治区财政厅下达的整改意见，根据结果改进并加强预算支出管理；

（四）组织实施绩效监控和绩效评价，指导本部门所属单位开展绩效监控和绩效评价；

（五）其他职责。

第十条 自治区本级部门所属单位职责：

（一）负责本单位管理财政资金的预算绩效目标编制、审核、修正、调整上报工作；

（二）实施完成所承担项目的预算绩效目标；

（三）其他职责。

第三章 绩效目标的设定

第十一条 绩效目标设定是指自治区本级部门或其所属单位根据部门预算管理、项目管理和绩效目标管理的要求，编制绩效目标并向自治区财政厅或本级部门报送绩效目标的过程。未按要求设定绩效目标或绩效目标设定不合理且不按要求调整的项目支出，不得纳入项目库管理，也不得申请部门预算资金。

第十二条 按照"谁申请资金，谁设定目标"的原则，绩效目标由自治区本级部门（单位）设定。

（一）部门预算安排的项目支出绩效目标，在申报部门预算时同步编制，并按要求提交自治区财政厅。

（二）部门整体支出绩效目标，在申报部门预算时同步编制，并按要求提交自治区财政厅。

（三）除年度部门预算中安排的项目支出外，自治区本级预算安排支持经济社会事业发展的专项支出，以及本级部门申请使用的中央对地方专项转移支付，按要求随同项目申请提交自治区财政厅。

（四）纳入自治区本级部门项目库管理的项目，在该项目纳入项目库之前编制，按要求随同纳入项目库申请提交自治区财政厅。

（五）纳入财政中期规划管理的项目，在该项目纳入财政中期规划管理之前编制，按要求随同中期财政规划提交自治区财政厅。

第十三条　绩效目标要能清晰反映预算资金的预期产出和效果，并以相应的绩效指标予以细化、量化描述。主要包括：

（一）预期产出，是指预算资金在一定期限内预期提供的公共产品和服务情况；

（二）预期效果，是指上述产出可能对经济、社会、环境等带来的影响，以及服务对象或项目受益人对该项产出和影响的满意程度等。

第十四条　绩效指标是绩效目标的细化和量化描述，主要包括产出指标、效益指标和满意度指标等。

（一）产出指标是对预期产出的描述，包括数量指标、质量指标、时效指标、成本指标等。

（二）效益指标是对预期效果的描述，包括经济效益指标、社会效益指标、生态效益指标、可持续影响指标等。

（三）满意度指标是反映服务对象或项目受益人的认可程度的指标。

第十五条　绩效标准是设定绩效指标时所依据或参考的标准。一般包括：

（一）历史标准，是指同类指标的历史数据等；

（二）行业标准，是指国家公布的行业指标数据等；

（三）计划标准，是指预先制定的目标、计划、预算、定额等数据；

（四）自治区财政厅认可的其他标准。

第十六条　绩效目标设定的依据包括：

（一）国家和自治区相关法律、法规和规章制度，国民经济和社会发展规划；

（二）部门职能、中长期发展规划、年度工作计划或项目规划；

（三）自治区本级部门中期财政规划；

（四）自治区中期财政规划和年度预算管理要求；

（五）相关历史数据、行业标准、计划标准等；

（六）符合自治区财政厅要求的其他依据。

第十七条　设定的绩效目标应当符合以下要求：

（一）指向明确。绩效目标要符合国民经济和社会发展规划、部门职能及事业发展规划等要求，并与相应的预算支出内容、范围、方向、效果等紧密相关；

（二）细化量化。绩效目标应当从数量、质量、成本、时效以及经济效益、社会效益、生态效益、可持续影响、满意度等方面进行细化，尽量进行定量表述。不能以量化形式表述的，可采用定性表述，但应具有可衡量性；

（三）合理可行。设定绩效目标时要经过调查研究和科学论证，符合客观实际，能够

在一定期限内如期实现;

（四）相应匹配。绩效目标要与计划期内的任务数或计划数相对应,与预算确定的投资额或资金量相匹配。

第十八条 绩效目标申报表是所设定绩效目标的表现形式。根据绩效目标申报范围,分别按照项目支出绩效目标和部门（单位）整体支出绩效目标申报表填报。

（一）项目支出绩效目标申报表。包括年度部门预算项目支出绩效目标;自治区本级预算安排支持经济社会事业发展的专项支出绩效目标;本级部门申请使用的中央对自治区专项转移支付绩效目标（详见附件1-1、附件4）;纳入自治区本级项目库管理的项目绩效目标和财政中期规划管理的项目支出绩效目标,按照确定格式和内容填报,纳入部门预算编报说明或项目申请内容及说明中。

（二）部门（单位）整体支出绩效目标申报表。年度部门整体支出绩效目标,按照确定格式和内容填报,纳入部门预算编报说明中。

第十九条 绩效目标设定的方法包括:

（一）项目支出绩效目标的设定。

1. 对项目的功能进行梳理,包括资金性质、预期投入、支出范围、实施内容、工作任务、受益对象等,明确项目的功能特性。

2. 依据项目的功能特性,预计项目实施在一定时期内所要达到的总体产出和效果,确定项目所要实现的总体目标,并以定量和定性相结合的方式进行表述。

3. 对项目支出总体目标进行细化分解,从中概括、提炼出最能反映总体目标预期实现程度的关键性指标,并将其确定为相应的绩效指标。

4. 通过收集相关基准数据,确定绩效标准,并结合项目预期进展、预计投入等情况,确定绩效指标的具体数值。

（二）部门（单位）整体支出绩效目标的设定。

1. 对部门（单位）的职能进行梳理,确定部门（单位）的各项具体工作职责。

2. 结合部门（单位）中长期规划和年度工作计划,明确年度主要工作任务,预计部门（单位）在本年度内履职所要达到的总体产出和效果,将其确定为部门（单位）总体目标,并以定量和定性相结合的方式进行表述。

3. 依据部门（单位）总体目标,结合部门（单位）的各项具体工作职责和工作任务,确定每项工作任务预计要达到的产出和效果,从中概括、提炼出最能反映工作任务预期实现程度的关键性指标,并将其确定为相应的绩效指标。

4. 通过收集相关基准数据,确定绩效标准,并结合年度预算安排等情况,确定绩效指标的具体数值。

第二十条 绩效目标设定程序：

（一）预算单位设定绩效目标。申请预算或项目资金的基层单位按照要求设定绩效目标，随同本单位预算或项目申请提交上级单位；根据上级单位审核意见，对绩效目标进行修改完善，按程序逐级上报；

（二）本级部门设定绩效目标。本级部门按要求设定本级支出绩效目标，审核、汇总所属单位绩效目标，提交自治区财政厅；根据自治区财政厅审核意见对绩效目标进行修改完善，按程序提交自治区财政厅。

第四章　绩效目标的审核

第二十一条 绩效目标审核是指自治区财政厅或本级部门对相关部门或单位报送的绩效目标进行审查核实，并将审核意见反馈相关单位，指导其修改完善绩效目标的过程。

第二十二条 按照"谁分配资金，谁审核目标"的原则，绩效目标由自治区财政厅或本级部门按照预算管理级次进行审核。根据工作需要，绩效目标可委托第三方予以审核。

第二十三条 绩效目标审核是部门预算和项目审核的有机组成部分。绩效目标不符合要求的，自治区财政厅或本级部门应要求报送单位及时修改、完善。审核符合要求后，方可进入预算编审下一步预算流程或项目库。

第二十四条 自治区本级部门对所属单位报送的项目支出绩效目标和单位整体支出绩效目标进行审核。

第二十五条 自治区财政厅根据部门预算和项目审核的范围和内容，对本级部门报送的项目支出绩效目标、部门（单位）整体支出绩效目标、纳入自治区本级项目库项目绩效目标进行审核。

第二十六条 绩效目标审核的主要内容。

（一）完整性审核。绩效目标的内容是否完整，绩效目标是否明确、清晰。

（二）相关性审核。绩效目标的设定与部门职能、事业发展规划是否相关，是否对申报的绩效目标设定了相关联的绩效指标，绩效指标是否细化、量化。

（三）适当性审核。资金规模与绩效目标之间是否匹配，在既定资金规模下，绩效目标是否过高或过低；或者要完成既定绩效目标，资金规模是否过大或过小。

（四）可行性审核。绩效目标是否经过充分论证和合理测算；所采取的措施是否切实可行，并能确保绩效目标如期实现。综合考虑成本效益，是否有必要安排财政资金。

第二十七条　对一般性项目，由自治区财政厅或本级部门结合部门预算和项目管理流程进行审核，提出审核意见。

对社会关注程度高、对经济社会发展具有重要影响、关系重大民生领域或专业技术复杂的重点项目，自治区财政厅或本级部门可根据需要，充分利用自治区本级预算绩效评价专家库和委托参与预算绩效评价工作第三方机构等智库，组织第三方机构和专家共同参与审核，提出审核意见。

第二十八条　对项目支出绩效目标的审核，采用"项目支出绩效目标审核表"。其中，对一般性项目，采取定性审核的方式；对重点项目，采取定性审核和定量审核相结合的方式。

部门（单位）整体支出绩效目标、中期财政规划绩效目标等的审核，可参考项目支出绩效目标的审核工具，提出审核意见。

第二十九条　项目支出绩效目标审核结果分为"优""良""中""差"四个等级，作为项目预算安排的重要参考因素。

审核结果为"优"的，直接进入下一步预算和项目安排流程；审核结果为"良"的，可与相关部门或单位进行协商，直接对其绩效目标进行完善后，进入下一步预算和项目安排流程；审核结果为"中"的，由相关部门或单位对其绩效目标进行修改完善，按程序重新报送审核；审核结果为"差"的，一律不予安排预算。

第三十条　绩效目标审核程序：

（一）自治区本级部门（单位）审核。本级部门（单位）对下级单位报送的绩效目标进行审核，提出审核意见并反馈给下级单位。下级单位根据审核意见对相关绩效目标进行修改完善，重新提交上级单位审核，审核通过后按程序报送自治区财政厅。

（二）自治区财政厅审核。自治区财政厅对本级部门报送的绩效目标进行审核，提出审核意见并反馈给本级部门。本级部门根据自治区财政厅审核意见对相关绩效目标进行修改完善，重新报送自治区财政厅审核。自治区财政厅根据绩效目标审核情况提出预算和项目安排意见，随预算和项目资金一并下达本级部门。

第五章　绩效目标的批复、调整与应用

第三十一条　按照"谁批复预算，谁批复目标"的原则，自治区财政厅和本级部门在批复年初部门预算或调整预算、项目资金以及财政中期规划和项目库时，一并批复绩效目标。

（一）自治区财政厅在批复下达部门预算时，将审核确认的预算内项目支出绩效目标和部门（单位）整体支出绩效目标批复给本级部门。本级部门将自治区财政厅批复的项目支出绩效目标，批复给所属预算单位。

（二）自治区本级预算安排支持经济社会事业发展的专项支出，在下达资金文件时同步批复绩效目标。

（三）纳入自治区本级项目库管理的项目，在纳入本级项目库的同时，随同下达项目库文件同步批复绩效目标。

（四）纳入财政和部门中期规划管理的项目，在规划中同步列示相关绩效目标。

第三十二条　绩效目标批复后，一般不予调整。预算执行中因特殊原因确需调整的，应按照绩效目标管理要求和预算、项目调整流程报批。各部门（单位）自行调整的未经自治区财政厅审核备案的绩效目标，不能作为项目支出预算执行以及绩效评价和绩效奖惩的依据。

第三十三条　绩效监控是依据设定的绩效目标对财政资金运行状况及绩效目标的实现程度开展的控制和管理活动。按照"谁使用资金，谁开展监控"的原则，本级部门（单位）应按照批复的绩效目标组织预算执行，并根据设定的绩效目标负责对本部门（单位）管理的预算资金绩效目标实现情况进行绩效监控；自治区财政厅负责重点绩效监控，选择重大项目或本级部门（单位）的绩效目标实现情况开展重点监控。

（一）绩效监控的重点是批复的绩效目标实现程度。其中，一次性项目和经常性项目要在每年6月底前完成；阶段性项目根据项目实施进度确定监控时间并组织实施。本级部门（单位）要将绩效目标监控情况及时上报自治区财政厅。

（二）自治区本级部门和自治区财政厅对偏离绩效目标的财政支出提出整改措施意见和建议，督促项目实施单位及时纠正偏差，对预期无效财政支出进行预算调整。

第三十四条　自治区本级部门（单位）应按照批复的绩效目标组织预算执行，并根据设定的绩效目标进行绩效自评和绩效评价。

（一）预算和项目执行结束后，资金使用单位应对照确定的绩效目标开展绩效自评，分别填写"项目支出绩效自评表"和"部门（单位）整体支出绩效自评表"，形成相应的自评结果，作为部门（单位）预、决算的组成内容和以后年度预算申请、项目安排的重要基础。

（二）自治区财政厅或本级部门每年选择部分重点项目或部门（单位），在资金使用单位绩效自评的基础上，开展项目支出或部门（单位）整体支出绩效评价，并对部分重大专项资金或财政政策开展中期绩效评价试点，形成相应的评价结果，评价结果将作为安排下年预算和年度部门预算管理综合绩效考评的主要依据。

第三十五条　自治区本级部门应按照有关法律、法规要求，除涉密内容外，逐步将有关绩效目标随同部门预算在门户网站予以公开，接受社会监督。

第六章　附　则

第三十六条　自治区本级各部门可根据本办法，结合实际制定本部门绩效目标管理办法，报自治区财政厅备案。

第三十七条　本办法由自治区财政厅负责解释。

第三十八条　本办法自发布之日起施行。

附件：1-1. 项目支出绩效目标申报表（生成表）

　　　1-2. 项目支出绩效目标申报表内容说明

　　　2-1. 部门（单位）整体支出绩效目标申报表

　　　2-2. 部门（单位）整体支出绩效目标申报表填报说明

　　　3-1. 项目支出绩效目标审核表（一般性项目）

　　　3-2. 项目支出绩效目标审核表（重点项目）

　　　3-3. 项目支出绩效目标审核表填报说明

　　　4. 项目支出绩效自评表

　　　5. 部门（单位）整体支出绩效自评表

　　　6. 自治区本级部门预算绩效目标管理流程图

附件 1-1

项目支出绩效目标申报表（生成表）

（　　年度）

项目名称							
本级部门及代码					实施单位		
项目属性					项目期		
项目资金 （万元）	中期资金总额				年度资金总额		
	其中：财政拨款				其中：财政拨款		
	其他资金				其他资金		
总体目标	中期目标（20××—20××+n 年）				年度目标		
	目标 1： 目标 2： 目标 3： ……				目标 1： 目标 2： 目标 3： ……		
绩效指标	一级指标	二级指标	三级指标	指标值	二级指标	三级指标	指标值
	产出指标	数量指标	指标 1： 指标 2： ……		数量指标	指标 1： 指标 2： ……	
		质量指标	指标 1： 指标 2： ……		质量指标	指标 1： 指标 2： ……	
		时效指标	指标 1： 指标 2： ……		时效指标	指标 1： 指标 2： ……	
		成本指标	指标 1： 指标 2： ……		成本指标	指标 1： 指标 2： ……	
		……			……		
	效益指标	经济效益指标	指标 1： 指标 2： ……		经济效益指标	指标 1： 指标 2： ……	
		社会效益指标	指标 1： 指标 2： ……		社会效益指标	指标 1： 指标 2： ……	
		生态效益指标	指标 1： 指标 2： ……		生态效益指标	指标 1： 指标 2： ……	

续表

	一级指标	二级指标	三级指标	指标值	二级指标	三级指标	指标值
绩效指标	效益指标	可持续影响指标	指标1:		可持续影响指标	指标1:	
			指标2:			指标2:	
			……			……	
		……			……		
	满意度指标	服务对象满意度指标	指标1:		服务对象满意度指标	指标1:	
			指标2:			指标2:	
			……			……	
		……			……		

附件 1-2

项目支出绩效目标申报表内容说明

一、适用范围

（一）本表根据自治区本级部门（单位）所填报的项目文本中的相关信息，由预算管理系统自动生成，作为项目绩效目标审核和批复、预算资金确定、绩效监控、绩效评价的主要依据。

（二）项目支出是指自治区本级部门（单位）为完成其特定的行政工作任务或事业发展目标、纳入部门预算编制范围的年度项目支出计划。

（三）自治区本级部门（单位）的所有预算项目都应设定绩效目标，并形成本表。

（四）本表中的相关内容由项目资金申报单位在项目申报文本中填写。

二、内容说明

（一）年度：编制部门预算所属年份。如：编报 20×× 年部门预算时，填写"20×× 年"；20×× 年预算执行中申请调整预算时，填写"20×× 年"。

（二）项目基本情况

1. 项目名称：项目的具体名称，与部门预算中的项目名称一致。

2. 自治区本级部门及代码：自治区本级部门的代码及全称。如：[101]党委办公厅。

3. 实施单位：项目具体实施单位，与项目文本中的有关内容一致。

4. 项目属性：新增项目或延续项目。

5. 项目期：项目的具体实施期限，其中，一次性项目，填 1 年；有确定项目实施期的项目，填确定的年限，如 3 年等；属于部门经常性业务项目，填"长期"。

6. 项目资金：中期项目资金总额或年度项目资金总额，按资金来源分为财政拨款、其他资金。本项内容以万元为单位，保留小数点后两位。

（三）总体目标

项目支出总体目标描述利用该项目全部预算资金在一定期限内预期达到的总体产

出和效果。

1. 中期目标：概括描述延续项目在一定时期内（一般为 3 年）达到预期的产出和效果。其中，所填写的期限，按一定时期滚动填写，如 2015 年编制 2016 年预算，填写 2016—2018 年；2016 年编制 2017 年预算，填写 2017—2019 年等。

一次性项目和处于项目期最后一年的项目，无须填写此项，只填写年度目标。

2. 年度目标：概括描述项目在本年度内达到预期的产出和效果。

（四）绩效指标

绩效指标按中期指标和年度指标分别填列，其中，中期指标是对中期目标的细化和量化，年度指标是对年度目标的细化和量化。一次性项目和处于项目期最后一年的项目，只填写年度指标。

绩效指标一般包括产出指标、效益指标、满意度指标三类一级指标，每一类一级指标细分为若干二级指标、三级指标，分别设定具体的指标值。指标值应尽量细化、量化，可量化的用数值描述，不可量化的以定性描述。

1. 产出指标：反映根据既定目标，相关预算资金预期提供的公共产品和服务情况。可进一步细分为：

（1）数量指标，反映预期提供的公共产品和服务数量，如"举办培训的班次""培训学员的人次""新增设备数量"等；

（2）质量指标，反映预期提供的公共产品和服务达到的标准、水平和效果，如"培训合格率""研究成果验收通过率"等；

（3）时效指标，反映预期提供公共产品和服务的及时程度和效率情况，如"培训完成时间""研究成果发布时间"等；

（4）成本指标，反映预期提供公共产品和服务所需成本的控制情况，如"人均培训成本""设备购置成本""和社会平均成本的比较"等。

2. 效益指标：反映与既定绩效目标相关的、前述相关产出所带来的预期效果的实现程度。可进一步细分为：

（1）经济效益指标，反映相关产出对经济发展带来的影响和效果，如"促进农民增收率或增收额""采用先进技术带来的实际收入增长率"等；

（2）社会效益指标，反映相关产出对社会发展带来的影响和效果，如"带动就业增长率""安全生产事故下降率"等；

（3）生态效益指标，反映相关产出对自然环境带来的影响和效果，如"水电能源节约率""空气质量优良率"等；

（4）可持续影响指标，反映相关产出带来影响的可持续期限，如"项目持续发挥作用的期限""对本行业未来可持续发展的影响"等。

3. 满意度指标：属于预期效果的内容，反映服务对象或项目受益人对相关产出及其影响的认可程度，根据实际细化为具体指标，如"受训学员满意度""群众对××工作的满意度""社会公众投诉率/投诉次数"等。

4. 实际操作中其他绩效指标的具体内容，可由主管部门（单位）根据需要，在上述指标中或在上述指标之外另行补充。

附件 2-1

部门（单位）整体支出绩效目标申报表

（　　年度）

部门（单位）名称					
年度主要任务	任务名称	主要内容	预算金额（万元）		
			总额	财政拨款	其他资金
	任务 1				
	任务 2				
	任务 3				
	……				
	金额合计				
年度总体目标	目标 1： 目标 2： 目标 3： ……				
年度绩效指标	一级指标	二级指标	三级指标		指标值
	产出指标	数量指标	指标 1：		
			指标 2：		
			……		
		质量指标	指标 1：		
			指标 2：		
			……		
		时效指标	指标 1：		
			指标 2：		
			……		
		成本指标	指标 1：		
			指标 2：		
			……		
		……			
	效益指标	经济效益指标	指标 1：		
			指标 2：		
			……		
		社会效益指标	指标 1：		
			指标 2：		
			……		

续表

	一级指标	二级指标	三级指标	指标值
年度绩效指标	效益指标	生态效益指标	指标1：	
			指标2：	
			······	
		可持续影响指标	指标1：	
			指标2：	
			······	
		······		
	满意度指标	服务对象满意度指标	指标1：	
			指标2：	
			······	
		······		

附件 2-2

部门（单位）整体支出绩效目标申报表填报说明

一、适用范围

（一）本表适用于自治区本级部门（单位）在申报部门（单位）整体支出绩效目标时填报，作为部门（单位）整体支出预算审核及绩效评价的主要依据。

（二）部门（单位）整体支出是指纳入自治区本级部门预算管理的全部资金，包括当年财政拨款和通过以前年度财政拨款结转和结余资金、事业收入、事业单位经营收入等其他收入安排的支出；包括基本支出和项目支出。

（三）自治区本级部门（单位）应按要求设定整体支出绩效目标，填报本表。

（四）本表由自治区本级部门或所属单位财务主管机构负责填写，必要时可以由本部门或本单位业务部门协助填写。

二、填报说明

（一）年度：填写编制部门预算所属年份。如：编报 20××年部门预算，填写"20××年"。

（二）部门（单位）名称：填写填报本表的预算部门或单位全称。

（三）年度主要任务：填写根据部门（单位）主要职责和工作计划确定的本年度主要工作任务以及开展这项任务所对应的预算支出金额（一般为一级项目及金额）。预算支出金额包括当年财政拨款和其他资金，以万元为单位，保留到小数点后两位。

（四）年度总体目标：描述本部门（单位）利用全部部门预算资金在本年度内预期达到的总体产出和效果。

（五）年度绩效指标：一般包括产出指标、效益指标、满意度指标三类一级指标，每一类一级指标细分为若干个二级指标、三级指标，分别对应具体的指标值。指标值应尽量细化、量化，可量化的用数值描述，不可量化的以定性描述。具体填报要求可参照"项目支出绩效目标申报表内容说明"。

附件 3-1

项目支出绩效目标审核表（一般性项目）

审核内容	审核要点	审核意见
一、完整性审核		
规范完整性	绩效目标填报格式是否规范。内容是否完整、准确、翔实，是否无缺项、错项	优□ 良□ 中□ 差□
明确清晰性	绩效目标是否明确、清晰。是否能够反映项目主要情况，是否对项目预期产出和效果进行了充分、恰当的描述	优□ 良□ 中□ 差□
二、相关性审核		
目标相关性	总体目标是否符合国家法律法规、国民经济和社会发展规划要求。与本部门（单位）职能、发展规划的工作计划是否密切相关	优□ 良□ 中□ 差□
指标科学性	绩效指标是否全面、充分、细化、量化，难以量化的，定性描述是否充分、具体；是否选取了最能体现总体目标实现程度的关键指标并明确了具体指标值	优□ 良□ 中□ 差□
三、适当性审核		
绩效合理性	预期绩效是否显著，是否能够体现实际产出和效果的明显改善；是否符合行业正常水平或事业发展规律；与其他同类项目相比，预期绩效是否合理	优□ 良□ 中□ 差□
资金匹配性	绩效目标与项目资金量、使用方向等是否匹配，在既定资金规模下，绩效目标是否过高或过低；或要完成既定绩效目标，资金规模是否过大或过小	优□ 良□ 中□ 差□
四、可行性审核		
实现可能性	绩效目标是否经过充分调查研究、论证和合理测算，实现的可能性是否充分	优□ 良□ 中□ 差□
条件充分性	项目实施方案是否合理，项目实施单位的组织实施能力和条件是否充分，内部控制是否规范，管理制度是否健全	优□ 良□ 中□ 差□
综合评定等级	优□ 良□ 中□ 差□	
总体意见		

附件 3-2

项目支出绩效目标审核表（重点项目）

审核内容		审核要点		审核意见				得分
具体内容	分值	具体内容	分值					
一、完整性审核（20分）								
规范完整性	10分	绩效目标填报格式是否规范、符合规定要求	5分	优□	良□	中□	差□	
		绩效目标填报内容是否完整、准确、翔实，是否无缺项、错项	5分	优□	良□	中□	差□	
		得分小计						
明确清晰性	10分	绩效目标是否明确，内容是否具体，层次是否分明，表述是否准确	5分	优□	良□	中□	差□	
		绩效目标是否清晰，是否能够反映项目的主要内容，是否对项目预期产出和效果进行了充分、恰当的描述	5分	优□	良□	中□	差□	
		得分小计						
二、相关性审核（30分）								
目标相关性	15分	总体目标是否符合国家法律法规、国民经济和社会发展规划要求	7分	优□	良□	中□	差□	
		总体目标与本部门（单位）职能、发展规划和工作计划是否密切相关	8分	优□	良□	中□	差□	
		得分小计						
指标科学性	15分	绩效指标是否全面、充分，是否选取了最能体现总体目标实现程度的关键指标并明确了具体指标值	8分	优□	良□	中□	差□	
		绩效指标是否细化、量化，便于监控和评价；难以量化的，定性描述是否充分、具体	7分	优□	良□	中□	差□	
		得分小计						
三、适当性审核（30分）								
绩效合理性	15分	预期绩效是否显著，是否能够体现实际产出和效果的明显改善	8分	优□	良□	中□	差□	
		预期绩效是否符合行业正常水平或事业发展规律；与其他同类项目相比，预期绩效是否合理	7分	优□	良□	中□	差□	
		得分小计						

续表

审核内容		审核要点			审核意见				得分
具体内容	分值	具体内容	分值						
资金匹配性	15分	绩效目标与项目资金量是否匹配,在既定资金规模下,绩效目标是否过高或过低;或要完成既定绩效目标,资金规模是否过大或过小	8分	优□	良□	中□	差□		
		绩效目标与相应的支出内容、范围、方向、效果等是否匹配	7分	优□	良□	中□	差□		
		得分小计							
四、可行性审核（20分）									
实现可能性	10分	绩效目标是否经过充分调查研究、论证和合理测算	5分	优□	良□	中□	差□		
		绩效目标实现的可能性是否充分,是否考虑了现实条件和可操作性	5分	优□	良□	中□	差□		
		得分小计							
条件充分性	10分	项目实施方案是否合理,项目实施单位的组织实施能力和条件是否充分	5分	优□	良□	中□	差□		
		内部控制是否规范,预算和财务管理制度是否健全并得到有效执行	5分	优□	良□	中□	差□		
		得分小计							
总　　分									
综合评定等级		优□　　　　良□　　　　中□　　　　差□							
总体意见									

附件 3-3

项目支出绩效目标审核表填报说明

一、适用范围

（一）本表适用于自治区财政厅或自治区各部门（单位）在审核项目支出绩效目标时填报，是绩效目标审核的主要工具。

（二）本表全面反映审核主体对绩效目标的审核意见。

（三）本表由自治区财政厅或自治区本级部门及其所属单位财务主管机构负责填写；委托第三方审核的，可以由第三方机构协助填写。

二、填报说明

（一）审核内容

绩效目标审核包括完整性审核、相关性审核、适当性审核和可行性审核等四个方面。绩效目标审核应充分参考本级部门（单位）职能、项目立项依据、项目实施的必要性和可行性、项目实施方案以及以前年度绩效信息等内容，还应充分考虑财政资金支持的方向、范围和方式等。

（二）审核方式

审核采取定性审核与定量审核相结合的方式。定性审核分为"优""良""中""差"四个等级，其中，填报内容完全符合要求的，定级为"优"；绝大部分内容符合要求、仅需对个别内容进行修改的，定级为"良"；部分内容不符合要求、但通过修改完善后能够符合要求的，定级为"中"；内容为空或大部分内容不符合要求的，定级为"差"。定量审核按对应等级进行打分，保留一位小数。具体审核方式如下：

1. 对一般性项目，采取定性审核的方式。审核主体对每一项审核内容逐一提出定性审核意见，并根据各项审核情况，汇总确定"综合评定等级"。确定"综合评定等级"时，8 个审核要点中，有 6 项及以上为"优"且其他项无"中""差"的，方可定级为"优"；有 6 项及以上为"良"及以上且其他项无"差"的，方可定级为"良"；有 6 项及以上为

"中"及以上的，方可定级为"中"。同时，在本表"总体意见"栏中对该项目绩效目标的修改完善、预算安排等提出意见。

2. 对重点项目，采取定性审核和定量审核相结合的方式。审核主体对每一项审核内容提出定性审核意见，并进行打分。定性审核为"优"的，得该项分值的90%～100%；定性审核为"良"的，得该项分值的80%～89%；定性审核为"中"的，得该项分值的60%～79%；定性审核为"差"的，得该项分值的59%以下。

各项审核内容完成后，根据项目审核总分，确定"综合评定等级"。总得分在90分以上的为"优"；在80分至90分（不含，下同）的为"良"；在60分至80分的为"中"；低于60分的为"差"。同时，在本表"总体意见"栏中对该项目绩效目标的修改完善、预算安排等提出意见。

附件 4

<h2 style="text-align:center">项目支出绩效自评表</h2>

（　　　年度）

项目名称					
本级部门及代码				实施单位	
项目预算执行情况（万元）	预算数			执行数	
	其中：财政拨款			其中：财政拨款	
	其他资金			其他资金	

年度总体目标完成情况	预期目标	目标实际完成情况
	目标1： 目标2： 目标3： ……	目标1完成情况： 目标2完成情况： 目标3完成情况： ……

年度绩效指标完成情况	一级指标	二级指标	三级指标		预期指标值	实际完成指标值
	产出指标	数量指标	指标1：			
			指标2：			
			……			
		质量指标	指标1：			
			指标2：			
			……			
		时效指标	指标1：			
			指标2：			
			……			
		成本指标	指标1：			
			指标2：			
			……			
		……				
	效益指标	经济效益指标	指标1：			
			指标2：			
			……			
		社会效益指标	指标1：			
			指标2：			
			……			

续表

	一级指标	二级指标	三级指标	预期指标值	实际完成指标值
年度绩效指标完成情况	效益指标	生态效益指标	指标1:		
			指标2:		
			……		
		可持续影响指标	指标1:		
			指标2:		
			……		
		……			
	满意度指标	服务对象满意度指标	指标1:		
			指标2:		
			……		

附件 5

部门（单位）整体支出绩效自评表

（　　年度）

部门（单位）名称							
年度主要任务完成情况	任务名称	完成情况	预算数（万元）		执行数（万元）		
				其中：财政拨款		其中：财政拨款	
	任务 1						
	任务 2						
	任务 3						
	……						
	金额合计						
年度总体目标完成情况	预期目标				目标实际完成情况		
	目标1： 目标2： 目标3： ……				目标1完成情况： 目标2完成情况： 目标3完成情况： ……		
年度绩效指标完成情况	一级指标	二级指标	指标内容		预期指标值	实际完成指标值	
	产出指标	数量指标	指标1：				
			指标2：				
			……				
		质量指标	指标1：				
			指标2：				
			……				
		时效指标	指标1：				
			指标2：				
			……				
		成本指标	指标1：				
			指标2：				
			……				
		……					
	效益指标	经济效益指标	指标1：				
			指标2：				
			……				

续表

	一级指标	二级指标	指标内容	预期指标值	实际完成指标值
年度绩效指标完成情况	效益指标	社会效益指标	指标1:		
			指标2:		
			……		
		生态效益指标	指标1:		
			指标2:		
			……		
		可持续影响指标	指标1:		
			指标2:		
			……		
		……			
	满意度指标	服务对象满意度指标	指标1:		
			指标2:		
			……		

附件6

自治区本级部门预算绩效目标管理流程图

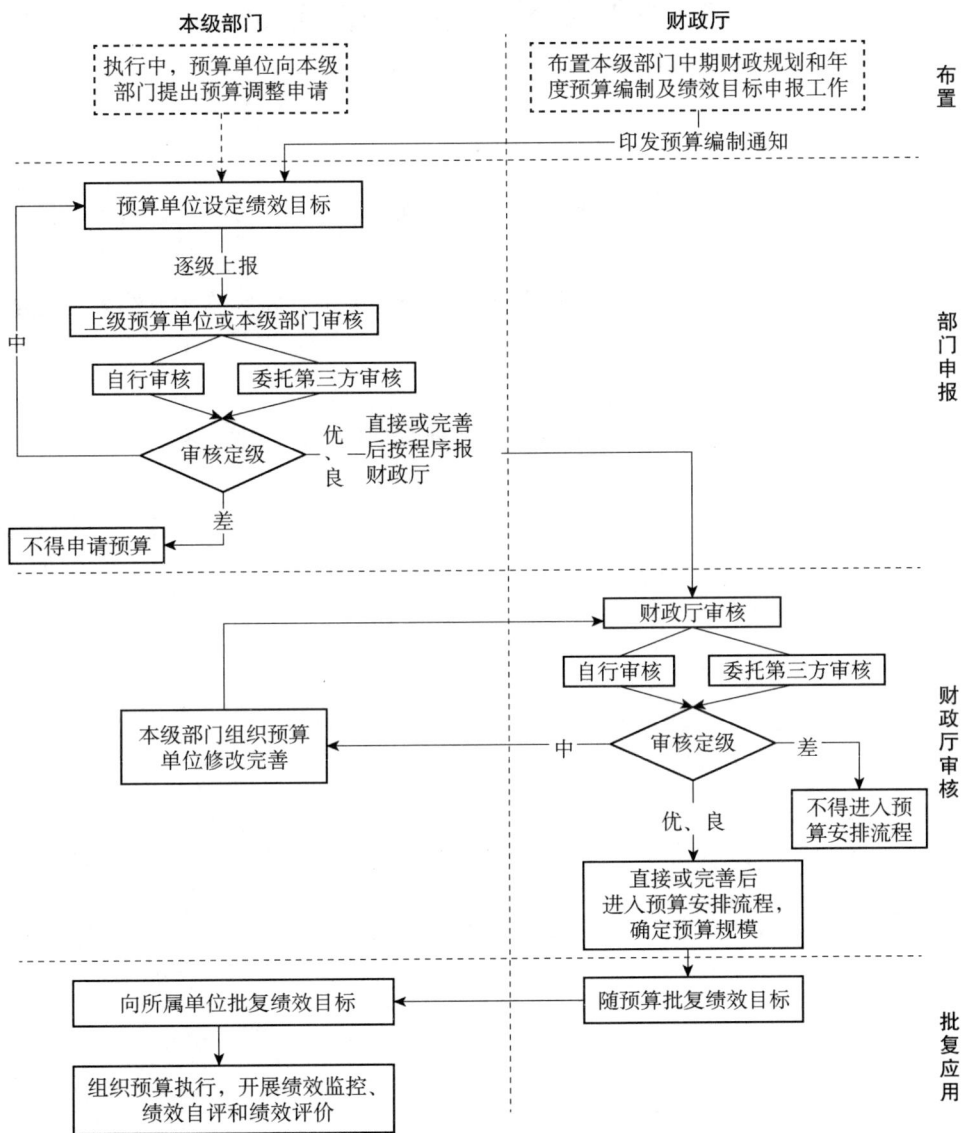

本级部门	财政厅	
执行中，预算单位向本级部门提出预算调整申请	布置本级部门中期财政规划和年度预算编制及绩效目标申报工作	布置

印发预算编制通知

预算单位设定绩效目标

逐级上报

上级预算单位或本级部门审核

自行审核　　委托第三方审核

审核定级　优、良　直接或完善后按程序报财政厅

差　不得申请预算

部门申报

财政厅审核

自行审核　　委托第三方审核

审核定级　差　不得进入预算安排流程

中　本级部门组织预算单位修改完善

优、良　直接或完善后进入预算安排流程，确定预算规模

财政厅审核

向所属单位批复绩效目标　随预算批复绩效目标

组织预算执行，开展绩效监控、绩效自评和绩效评价

批复应用

内蒙古自治区财政厅关于印发《内蒙古自治区关于全面实施预算绩效管理的实施意见》的通知

内财监〔2019〕1343 号

各盟市委，盟行政公署、市人民政府，自治区各部、委、办、厅、局，各人民团体和事业单位：

经自治区党委、政府同意，现将《内蒙古自治区关于全面实施预算绩效管理的实施意见》正式印发，请遵照执行。

附件：内蒙古自治区关于全面实施预算绩效管理的实施意见

内蒙古自治区财政厅

2019 年 10 月 29 日

附件

内蒙古自治区关于全面实施预算
绩效管理的实施意见

为认真贯彻落实《中共中央 国务院关于全面实施预算绩效管理的意见》（中发〔2018〕34 号），加快建成我区全方位、全过程、全覆盖的预算绩效管理体系，提高财政资源配置效率和使用效益，增强政府公信力和执行力，经自治区党委、政府同意，现就我区全面实施预算绩效管理工作提出如下意见。

一、指导思想和总体目标

（一）指导思想

以《中共中央 国务院关于全面实施预算绩效管理的意见》（中发〔2018〕34 号）明确的指导思想为指引，全面贯彻落实习近平总书记考察内蒙古重要讲话和参加十三届全国人大一次、二次会议内蒙古代表团审议时的重要讲话精神，牢记习近平总书记关于党和政府带头过紧日子的重要指示精神，艰苦奋斗、勤俭节约，认真落实党中央、国务院和自治区党委十届五次、六次全会决策部署，坚持以供给侧结构性改革为主线，牢固树立预算绩效管理理念，创新预算管理方式，更加注重结果导向、强调成本效益、硬化预算约束。

（二）总体目标

力争到 2022 年年底基本建成自治区全方位、全过程、全覆盖的预算绩效管理体系。

自治区层面和盟市、旗县（市、区）层面分别于 2020 年年底、2021 年年底和 2022 年年底基本实现以上总体目标，既要提高本级财政资源配置效率和使用效益，又要加强对下转移支付的绩效管理，严控一般性支出和"三公经费"预算，防止财政资金损失浪费，大幅提升预算绩效管理水平和政策实施效果。

二、主要任务和重点工作

为确保我区预算绩效管理总体目标的实现，各级各部门要按照"总体设计、统筹兼顾，全面推进、突出重点，科学规范、公开透明，权责对等、约束有力"的原则，以构建全方位、全过程、全覆盖的预算绩效管理体系为中心任务，结合各自工作实际，逐步推进我区预算绩效管理全面实施。

（一）主要任务

1. 构建全方位预算绩效管理格局。将政府预算、部门和单位整体收支预算、政策和项目预算全面纳入绩效管理，形成全方位预算绩效管理格局。

（1）实施政府预算绩效管理。各级政府预算收入要实事求是、积极稳妥、讲求质量，必须与经济社会发展水平相适应，严禁脱离实际制定增长目标，严格落实各项减税降费政策，严禁弄虚作假违规变相增加政府债务。各级政府预算支出要统筹兼顾、突出重点、量力而行，着力支持国家、自治区重大发展战略和重点领域改革，提高保障和改善民生水平，不得超出财政承受能力设定过高民生标准和擅自扩大保障范围，确保财政资源高效配置，增强财政可持续性。

（2）开展部门和单位预算绩效管理。强化部门、单位绩效管理主体责任，各部门、各单位要围绕工作职能、行业发展规划，以部门预算资金管理为主线，统筹考虑资产和业务等活动，制定整体绩效目标，细化量化核心绩效指标，对目标完成情况进行整体评价。从运行成本、管理效率、履职效能、社会效应、可持续发展能力和服务对象满意度等方面，衡量部门和单位整体及核心业务实施效果，推动部门和单位整体绩效水平的提高。

（3）加强政策和项目预算绩效管理。将政策和项目全面纳入绩效管理，对重大项目建设、重点民生政策和项目、重大专项转移支付等实施财政重点绩效评价。对新出台的重大政策和新增项目建立绩效评估论证机制，开展动态监控，实行全周期跟踪问效并进行重点评价。建立动态评价调整机制，政策到期、绩效低下的政策和项目要及时清理和退出。

2. 建立全过程预算绩效管理链条。将绩效理念融入预算管理全过程，建立"预算决策有评估、预算编制有目标、预算执行有监控、预算完成有评价、评价结果有应用"的预算绩效管理机制。

（1）建立绩效评估机制。各级各部门要对新增政策和项目开展事前绩效评估。评估结果作为申请预算的必要条件，未按照要求开展绩效评估的，不予安排预算。投资主管部门要加强基建投资绩效评估，评估结果作为申请预算的必备要件。财政部门要加强新增重大政策和项目预算审核，必要时可以组织第三方机构独立开展绩效评估，审核和评估结果作为预算安排的重要参考依据。

（2）强化绩效目标管理。各级各部门在编制预算时要按照绩效目标管理有关规定全面设置部门和单位整体绩效目标、政策绩效目标及项目绩效目标，细化量化绩效指标，将绩效目标作为预算安排的前置条件和必备内容。各级财政部门要将绩效目标与预算编制实现"同步申报、同步审议、同步批复、同步公开"。未按要求设定绩效目标或审核未通过的不得安排预算。

（3）做好绩效运行监控。各级各部门要定期对绩效目标实现程度和预算执行进度实行"双监控"，发现问题要分析原因并及时纠正，同时向同级财政部门报送绩效运行监控结果。对存在严重问题的政策、项目，财政部门要暂缓或停止预算拨款，督促及时整改落实，整改不到位或无法继续实施的，要及时收回资金。要按照预算绩效管理要求，对项目预算执行进度较慢的，财政部门按支出进度比例收回资金；对未按规定时间下达的，财政部门收回全部资金，降低资金运行成本。

（4）开展绩效评价和结果应用。年度预算执行结束或政策、项目实施完毕后，各部门要对预算执行情况以及政策、项目实施效果开展绩效评价，实现部门整体、政策和项目绩效自评全覆盖，真实反映绩效目标实现效果，并将评价结果报送同级财政部门。各级财政部门对重大政策和项目建立预算绩效评价机制，逐步开展部门整体绩效评价，对下级政府财政运行情况实施综合绩效评价，必要时可以引入第三方机构参与绩效评价。要健全绩效评价结果反馈制度和绩效问题整改责任制，加强绩效评价结果应用。

3. 完善全覆盖预算绩效管理体系。逐步将一般公共预算、政府性基金预算、国有资本经营预算、社会保险基金预算全部纳入绩效管理范围，推动绩效管理覆盖所有财政资金。

（1）完善一般公共预算绩效管理体系。一般公共预算绩效管理要结合"减税降费""保工资、保运转、保基本民生"等政策和工作要求，重点关注收入结构和质量、政策实施效果、预算资金配置效率和使用效益，特别是重大政策和项目实施效果，其中转移支付预算绩效管理要符合财政事权和支出责任划分规定，促进地区间财力协调和区域均衡发展。同时，积极开展政府投资基金、政府和社会资本合作（PPP）、政府采购、政府购买服务、政府债务项目等绩效管理。

（2）建立其他政府预算绩效管理体系。各级政府要逐步开展政府性基金预算、国有资本经营预算、社会保险基金预算绩效管理。政府性基金预算绩效管理，要重点关注政策设立、延续依据、征收标准、使用效果、退出机制等情况，还要关注专项债务的支撑能力。国有资本经营预算绩效管理，要重点关注贯彻国家战略、收益上缴、支出结构、使用效果等情况。社会保险基金预算绩效管理，要重点关注各类社会保险基金收支政策效果、基金管理、精算平衡、地区结构、运行风险等情况。

（二）重点工作

1. 夯实预算绩效管理制度基础。一是完善预算绩效管理流程。各级各部门要围绕预算管理的主要内容和环节，完善涵盖事前绩效评估等各环节的全过程管理流程，结合自身预算绩效管理工作制定相关制度和实施细则。建立专家咨询机制，引导和规范第三方机构参与预算绩效管理，严格执业质量监督管理。加快预算绩效管理信息化建设，充分借助大数据技术手段，加快构建功能完善的数据交换平台，促进各级政府和各部门各单位的业务、财务、资产信息互联互通，增强绩效信息的分析和利用能力。二是健全预算绩效标准体系和方法。各级财政部门要建立健全定量和定性相结合的共性绩效指标框架。各行业主管部门要加快构建分行业、分领域、分层次的核心绩效指标和标准体系，做到与基本公共服务标准、部门预算项目支出标准等衔接匹配，突出结果导向，重点考核实绩。要创新和充分运用各类绩效评价方法，提高绩效评估评价结果的客观性和准确性。

2. 硬化预算绩效管理刚性约束。一是明确绩效管理责任约束。完善绩效管理的责任约束机制，各级政府和各部门各单位是预算绩效管理的责任主体。各级党委和政府主要负责同志对本地区预算绩效负责，部门和单位主要负责同志对本部门本单位预算绩效负责，项目责任人对项目预算绩效负责，对重大项目的责任人实行绩效终身责任追究制，切实做到"花钱必问效、无效必问责"。二是强化绩效管理激励约束。各级财政部门要加大绩效管理成果应用力度，将绩效评价结果与预算安排和政策调整挂钩，将绩效目标与预算编制挂钩，将绩效运行监控与预算执行调整挂钩，将部门整体绩效与部门预算安排挂钩，将下级政府财政运行综合绩效与转移支付分配挂钩。根据绩效评价结果，奖优罚劣，直至取消资金或项目。

3. 完善预算绩效信息公开机制。各部门、各单位要将绩效目标设置和实现情况、绩效评价结果等绩效信息定期向同级政府报告。各级财政部门要将年度重要预算绩效目标、绩效评价结果与预决算草案同步报送同级人大，部门、单位将绩效信息通过门户网站向社会主动公开，自觉接受社会监督。

三、保障措施

（一）加强组织领导。各级各部门要坚持党对全面实施预算绩效管理工作的领导，树牢预算绩效管理意识，建立健全党委领导、政府统筹、财政协调、部门主责、社会广泛参与的预算绩效管理组织保障体系。各地各部门要结合实际制定实施办法、工作方案，统筹谋划各项工作；落实经费保障，将预算绩效管理工作经费纳入到部门预算；设置专职机构或专职人员，加强预算绩效管理队伍建设；督促指导有关政策措施落实，确保预算绩效管理延伸至基层单位和资金使用终端。

（二）强化工作考核。各级政府要将预算绩效结果纳入同级部门和单位、下级政府绩效评估指标体系和干部考核评价体系，作为政府绩效评估的计分指标和领导干部选拔任用、公务员考核的重要参考。财政部门负责对同级部门和预算单位、下级财政部门预算绩效管理工作情况进行考核。建立考核结果通报制度，对工作成效明显的地区和部门按规定给予表彰，对工作推进不力的地区和部门进行约谈并责令限期整改。

（三）严肃监督问责。审计机关要依法对预算绩效管理情况开展审计监督，重点审计预算支出绩效、政策实施效果、绩效责任落实和部门绩效自评等内容。财政、审计等部门发现违纪违法问题线索，应当及时移送纪检监察机关。

内蒙古自治区财政厅关于印发《内蒙古自治区本级财政支出绩效监控管理办法》的通知

内财监规〔2021〕4 号

自治区本级各部门、单位：

为加强自治区本级财政支出绩效监控管理，强化支出责任，建立科学、合理的财政支出绩效监控管理机制，提高财政资金使用效益，结合自治区预算绩效管理工作实际，自治区财政厅对《内蒙古自治区本级财政支出绩效监控管理办法（暂行）》（内财监〔2017〕2080 号）进行了修订，现将修订后的《内蒙古自治区本级财政支出绩效监控管理办法》印发给你们，请认真贯彻执行。

在实际执行过程中，如遇到问题或有任何意见和建议，请及时反馈我厅。

附件：1. 内蒙古自治区本级财政支出绩效监控管理办法
      2.《内蒙古自治区本级财政支出绩效监控管理办法》解读（略）

内蒙古自治区财政厅
2021 年 6 月 29 日

附件 1

内蒙古自治区本级财政支出绩效监控管理办法

第一章　总　则

第一条　为加强自治区本级部门（单位）财政支出绩效监控（以下简称绩效监控）管理，增强预算执行的约束力，强化支出责任，建立科学、合理的财政支出绩效监控管理机制，提高财政资金使用效益，根据《中华人民共和国预算法》《内蒙古自治区人民政府办公厅关于推进预算绩效管理工作的意见》（内政办发〔2014〕70 号）、《内蒙古自治区关于全面实施预算绩效管理的实施意见》（内财监〔2019〕1343 号）等有关规定，制定本办法。

第二条　本办法所称绩效监控是指在预算执行过程中，自治区财政厅、本级部门（单位）依照职责，对预算执行情况和绩效目标实现程度开展的监督、控制和管理活动。

第三条　绩效监控按照"全面覆盖、突出重点，权责对等、约束有力，结果运用、及时纠偏"的原则，由自治区财政厅统一组织、自治区本级部门（单位）分级实施。

第二章　职责分工和组织管理

第四条　自治区财政厅主要职责包括：

（一）研究制定绩效监控管理制度办法；

（二）组织、指导和监督自治区本级部门（单位）开展绩效监控；

（三）根据工作需要开展重点绩效监控；

（四）督促绩效监控结果应用；

（五）应当履行的其他绩效监控职责。

第五条　自治区本级部门（单位）是实施预算绩效监控的主体，主要职责包括：

（一）具体组织实施本部门（单位）预算绩效监控工作，并对所属单位的绩效监控情况进行指导和监督；

（二）按照"谁支出，谁负责"的原则，负责开展本部门（单位）预算绩效日常监控，并定期对绩效监控信息进行收集、审核、分析、汇总、填报；分析偏离绩效目标的原因，并及时采取纠偏措施。

（三）接受自治区财政厅的监督，按照要求向自治区财政厅报送绩效监控结果；

（四）加强绩效监控结果应用；

（五）应当履行的其他绩效监控职责。

第六条　绩效监控可以由自治区本级部门（单位）组织开展或委托专家、中介机构等第三方实施。

第三章　监控范围和内容

第七条　自治区本级部门（单位）绩效监控范围涵盖自治区本级预算部门一般公共预算、政府性基金预算和国有资本经营预算所有项目支出。

自治区本级部门（单位）应对重点政策和重大项目，以及巡视、审计、有关监督检查、重点绩效评价和日常管理中发现问题较多、绩效水平不高、管理薄弱的项目予以重点监控，并逐步开展自治区本级部门（单位）及其所属单位整体预算绩效监控。

第八条　绩效监控内容主要包括：

（一）绩效目标完成情况。一是预计产出的完成进度及趋势，包括数量、质量、时效、成本等。二是预计效果的实现进度及趋势，包括经济效益、社会效益、生态效益和可持续影响等。三是跟踪服务对象满意度及趋势。

（二）预算资金执行情况，包括预算资金拨付情况、预算执行单位实际支出情况以及预计结转结余情况。

（三）重点政策和重大项目绩效延伸监控。必要时，可对重点政策和重大项目支出具体工作任务开展、发展趋势、实施计划调整等情况进行延伸监控。具体内容包括：政府采购、工程招标、监理和验收、信息公示、资产管理以及有关预算资金会计核算等。

（四）其他情况。除上述内容外其他需要实施绩效监控的内容。

第四章　监控方式和流程

第九条　绩效监控采用目标比较法，用定量分析和定性分析相结合的方式，将绩效实现情况与预期绩效目标进行比较，对目标完成、预算执行、组织实施、资金管理等情况进行分析评判。

第十条　绩效监控包括及时性、合规性和有效性监控。及时性监控重点关注上年结转资金较大、当年新增预算且前期准备不充分，以及预算执行环境发生重大变化等情况。合规性监控重点关注相关预算管理制度落实情况、项目预算资金使用过程中的无预算开支、超预算开支、挤占挪用预算资金、超标准配置资产等情况。有效性监控重点关注项目执行是否与绩效目标一致、执行效果能否达到预期等。

第十一条　绩效监控工作是全流程的持续性管理，具体采取自治区本级部门（单位）日常监控和自治区财政厅重点监控相结合的方式开展。对科研类项目可暂不开展年度中的绩效监控，但应在实施期内结合项目检查等方式强化绩效监控，更加注重项目绩效目标实现程度和可持续性。条件具备时，自治区财政厅将对自治区本级部门（单位）预算绩效运行情况开展在线监控。

第十二条　每年 8 月，自治区本级部门（单位）要集中对 1—7 月预算执行情况和绩效目标实现程度开展一次绩效监控汇总分析，具体工作程序如下：

（一）收集绩效监控信息。预算执行单位对照批复的绩效目标，以绩效目标执行情况为重点收集绩效监控信息。

（二）分析绩效监控信息。预算执行单位在收集上述绩效信息的基础上，对偏离绩效目标的原因进行分析，对全年绩效目标完成情况进行预计，并对预计年底不能完成目标的原因及拟采取的改进措施做出说明。

（三）填报绩效监控情况表。预算执行单位在分析绩效监控信息的基础上填写《项目支出绩效目标监控情况表》（见附件 1），并作为年度预算执行完成后绩效评价的依据。

（四）报送绩效监控报告。自治区本级部门（单位）年度集中绩效监控工作完成后，及时总结经验、发现问题、提出下一步改进措施，形成本部门绩效监控报告，并于 8 月 31 日前报送自治区财政厅对口处室、绩效管理和监督局。

第五章　绩效监控报告

第十三条　绩效监控报告包括正文和附件两部分，报告应当依据充分、真实完整、数据准确、客观公正。

第十四条　绩效监控报告正文应当包括以下主要内容：

（一）绩效监控工作组织实施情况；

（二）年度预算执行情况；

（三）绩效目标完成情况；

（四）存在的问题及原因分析；

（五）下一步改进的工作建议；

（六）其他需要说明的问题。

第十五条　绩效监控报告附件是对项目预算执行和绩效目标实现情况进行跟踪监控并填报的《项目支出绩效目标监控情况表》。

第六章　结果应用

第十六条　绩效监控结果作为以后年度预算安排和政策制定的参考，绩效监控工作情况作为自治区本级部门（单位）预算绩效管理工作考核的内容。

第十七条　自治区本级部门（单位）通过绩效监控信息深入分析预算执行进度慢、绩效水平不高的具体原因，对绩效监控中发现的绩效目标执行偏差和管理漏洞，应及时采取分类处置措施予以纠正：

（一）对于因政策变化、突发事件等客观因素导致预算执行进度缓慢或预计无法实现绩效目标的，要本着实事求是的原则，及时按程序调减预算，并同步调整绩效目标。

（二）对于绩效监控中发现严重问题的，如预算执行与绩效目标偏离较大、已经或预计造成重大损失浪费或风险等情况，应暂停项目实施，相应按照有关程序调减预算并停止拨付资金，及时纠偏止损。已开始执行的政府采购项目应当按照相关程序办理。

第十八条　自治区财政厅要加强绩效监控结果应用。对自治区本级部门（单位）绩效监控结果进行审核分析，对发现的问题和风险进行研判，督促相关部门改进管理，确保预算资金安全有效。

对绩效监控过程中发现的财政违法行为，依照《中华人民共和国预算法》《财政违法行为处罚处分条例》等有关规定追究责任，报送自治区政府和有关部门作为行政问责参考依据；发现重大违纪违法问题线索，及时移送纪检监察机关。

第七章 附 则

第十九条 各自治区本级部门（单位）可根据本办法，结合实际制定预算绩效监控具体管理办法或实施细则，报自治区财政厅备案。

第二十条 本办法自印发之日起施行。2017 年 12 月 15 日发布的《内蒙古自治区本级财政支出绩效监控管理办法（暂行）》（内财监〔2017〕2080 号）同时废止。

附件：1-1 项目支出绩效目标监控情况表

　　　　1-2 内蒙古自治区本级财政支出绩效监控报告（参考文本）

附件 1-1

项目支出绩效目标监控情况表

（　年度）

项目名称						
主管部门及代码			实施单位			
项目资金（万元）	年度资金总额：	年初预算数		1～7月执行数	1～7月执行率	全年预计执行数
	其中：本年一般公共预算拨款					
	其他资金					

年度总体目标						

绩效指标	一级指标	二级指标	三级指标	年度指标值	1～7月执行情况	全年预计完成情况	偏差原因分析					原因说明	完成目标可能性			备注
							经费保障	制度保障	人员保障	硬件条件保障	其他		确定能	有可能	完全不可能	
	产出指标	数量指标														
		质量指标														
		时效指标														
		成本指标														
		……														

续表

绩效指标	一级指标	二级指标	三级指标	年度指标值	1~7月执行情况	全年预计完成情况	偏差原因分析						完成目标可能性			备注
							经费保障	制度保障	人员保障	硬件条件保障	其他	原因说明	确定能	有可能	完全不可能	
	效益指标		经济效益指标													
			社会效益指标													
			生态效益指标													
			可持续影响指标													
			……													
	满意度指标		服务对象满意度指标													
			……													

注：
1. 偏差原因分析：针对与预期目标产生偏差的指标值，分别从经费保障、制度保障、人员保障、硬件条件保障等方面进行判断和分析，并说明原因。
2. 完成目标可能性：对应所设定的实现绩效目标的路径，分确定能、有可能、完全不可能三级综合判断完成的可能性。
3. 备注：说明预计到年底不能完成目标的原因及拟采取的措施。

附件 1-2

内蒙古自治区本级财政支出绩效监控报告

（参考文本）

一、绩效监控工作组织实施情况

（包括绩效监控工作组织机构设置、职责分工、工作计划、计划实施情况等。）

二、年度预算执行情况

（年度预算的执行情况及分析。）

三、绩效目标情况及分析

（一）绩效目标完成情况

（说明部门整体支出及项目支出绩效目标完成情况，与预期完成情况的偏离程度。）

（二）原因分析

（对绩效监控过程中发现的问题进行原因分析。包括绩效监控工作组织管理中存在的问题及原因分析；预算执行绩效与绩效目标偏离的原因分析等。）

四、意见和建议

（包括对绩效监控过程中发现的问题提出整改措施，下一步改进本部门的绩效监控组织、管理、实施方式等的思路。）

五、其他需要说明的问题

内蒙古自治区财政厅关于印发《内蒙古自治区预算绩效管理信息公开管理办法》的通知

内财监规〔2021〕5 号

各盟市财政局，满洲里、二连浩特市财政局，自治区本级各部门、单位：

为提升全区预算绩效管理水平，规范预算绩效信息公开管理工作，自治区财政厅研究制定了《内蒙古自治区预算绩效管理信息公开管理办法》，现正式印发你们，请遵照执行。

执行中如遇到问题或有任何意见和建议，请及时反馈我厅。

联系人：吴昕卉；联系电话：0471-4192170

附件：1. 内蒙古自治区预算绩效管理信息公开管理办法
2.《内蒙古自治区预算绩效管理信息公开管理办法》政策解读（略）

内蒙古自治区财政厅
2021 年 6 月 29 日

附件 1

内蒙古自治区预算绩效管理
信息公开管理办法

第一章　总　则

第一条　为推进全面实施预算绩效管理，增强绩效管理责任意识，提升预算绩效管理信息工作透明度。根据《中华人民共和国预算法》《中华人民共和国预算法实施条例》《中共中央 国务院关于全面实施预算绩效管理的意见》《中华人民共和国政府信息公开条例》《财政部关于贯彻落实〈中共中央 国务院关于全面实施预算绩效管理的意见〉的通知》《内蒙古自治区关于全面实施预算绩效管理的实施意见》等有关规定，制定本办法。

第二条　本办法所称预算绩效管理信息公开，是指预算绩效管理过程中，各级财政部门、各级部门和单位，根据各自职责，按照规定程序，对其预算绩效管理活动等信息予以公开的行为。

第三条　本办法适用于一般公共预算、政府性基金预算、国有资本经营预算，涉及财政资金相关的政府投资基金、政府和社会资本合作、政府购买服务、政府债务项目等活动可参照本办法执行。

第二章　公开原则

第四条　预算绩效管理信息公开的基本原则：依法公开、全面及时、规范完整、真实有效。

第五条　依法依规及时主动公开预算绩效信息。涉及预决算要求公开的事项，按照预决算公开管理要求执行。

第三章　涉密事项管理

第六条　涉及国家秘密、工作秘密等涉密内容，以及公开后可能危及国家安全、公共安全、经济安全、社会稳定，对公共利益造成重大影响的信息，不予公开。

第七条　各级财政部门、各级部门和单位应当依照《中华人民共和国保守国家秘密法》等法律法规，建立健全预算绩效管理信息公开事项保密审查机制，依法依规进行审查。其中，对经各部门按保密审查机制确定的涉密内容，可按规定不予公开并由部门自己负责。

第四章　公开职责

第八条　各级部门和单位是本部门、单位预算绩效管理信息公开的责任主体，负责组织、督促、检查、指导本部门及所属单位预算绩效管理信息公开工作；对本部门的预算绩效信息和组织开展的评价结果予以公开，并审查公开内容中的涉密事项；向本级财政部门报告本部门及所属单位预算绩效管理信息公开情况，配合财政部门开展相关信息公开工作。

第九条　各级财政部门负责指导和督促本级各部门开展预算绩效管理信息公开工作；对预算绩效信息和财政部门组织开展的评价结果予以公开，并审查公开内容中的涉密事项。

第十条　各级财政部门、各级部门和单位应当树立依法依规公开观念，增强主动公开意识，切实履行主体公开责任；推进绩效信息公开透明，主动向同级人大报告、向社会长期持续公开。

第五章　公开时间

第十一条　列入政府预决算公开的信息应当在本级人民代表大会或其常务委员会批准后 20 日内向社会公开，列入部门预决算公开的信息应当在本级财政部门批复后 20 日内向社会公开。

第十二条　需要公开的其他预算绩效管理信息，原则上在该事项实施结束后 1 个月内，予以公开，如遇特殊情况，可适当延长。

第六章　公开内容及形式

第十三条　预算绩效目标公开。按照"同申报、同审核、同批复、同公开"的原则，公开预算绩效目标。一般以绩效目标申报表形式公开。

第十四条　事前评估结果公开。应当及时整理、归纳、分析、反馈事前评估结果，公开内容包括但不限于项目概况、绩效目标、存在问题、相关建议等信息，一般以报告形式公开。

第十五条　部门评价结果公开。各级部门和单位按要求进行单位自评和部门评价，公开内容包括但不限于项目概况、绩效目标、完成情况、存在问题、相关建议等信息，一般以报表、报告等形式公开。

第十六条　财政评价结果公开。对财政部门选取的重点评价、部门整体评价等绩效评价结果，公开内容包括但不限于项目概况、绩效目标、完成情况、存在问题、相关建议等信息，一般以报告形式公开。

第十七条　公开的其他绩效管理信息可结合通知通告或工作动态等适当形式公开。

第七章　公开方式

第十八条　各部门通过门户网站公开预算绩效管理信息，并积极推动门户网站预算绩效管理信息专栏建设，方便对公开内容查阅和监督。随同预决算公开的内容，在预决算公开专栏中一并公开。没有门户网站的，应当采取措施在公共媒体公开，并积极推进门户网站建设。

第八章　保障措施

第十九条　各级财政部门应将预算绩效管理信息公开情况纳入财政工作考核范围，

对于信息公开的及时、完整、规范、准确、真实等要素进行考核，增强各部门和人员责任。

第二十条 各级财政部门及有关部门可采取随机检查等方式，加强预算绩效管理信息公开推进工作，对信息公开工作及时完整符合公开要求的部门给予表扬；未及时公开或公开内容不符合要求的部门应说明原因，提出整改措施，限期改正。对于整改不力的可采取通报、约谈和现场督导等方式，督促整改到位。

第九章　附　则

第二十一条 各部门可根据本办法，结合实际情况制定实施细则。

第二十二条 本办法自发布之日起 30 日后实施。

内蒙古自治区财政厅关于印发《内蒙古自治区本级财政支出事前绩效评估管理办法》的通知

内财监规〔2021〕6 号

自治区各部、委、办、厅、局，各人民团体和事业单位：

为优化财政资源配置，提高财政资金分配决策的科学性和公正性，根据中央和自治区关于全面实施预算绩效管理的意见精神及财政管理相关规定，自治区财政厅制定了《内蒙古自治区本级财政支出事前绩效评估管理办法》，现印发给你们，请结合实际认真贯彻执行。

执行中如遇到问题或有意见和建议，请及时反馈我厅。

联系人：薛锴；联系电话：0471-4192670

附件：1. 内蒙古自治区本级财政支出事前绩效评估管理办法
      2.《内蒙古自治区本级财政支出事前绩效评估管理办法》政策解读（略）

内蒙古自治区财政厅
2021 年 7 月 1 日

附件 1

内蒙古自治区本级财政
支出事前绩效评估管理办法

第一章　总　则

　　第一条　为全面实施预算绩效管理，优化财政资源配置，从源头上防控财政资源配置的低效无效，提升行政决策的科学性，实现预算和绩效管理一体化，根据《中华人民共和国预算法》、《中共中央　国务院关于全面实施预算绩效管理的意见》（中发〔2018〕34 号）及《内蒙古自治区关于全面实施预算绩效管理的实施意见》（内财监〔2019〕1343 号）等法律、法规及文件要求，制定本办法。

　　第二条　本办法所称事前绩效评估，是指自治区本级部门、单位结合预算编审、项目审批等工作，拟对新增重大项目、新出台的重大政策，运用科学合理的评估方法，对财政支出重大项目（政策）绩效目标合理性、项目预算科学性、设立必要性、实施方案可行性、筹资合规性等进行客观、公正的评估。

　　第三条　本办法结合自治区"财政预算管理一体化系统"管理要求、可研论证和项目评审，对项目进行事前评估，根据评估结果对项目进行优先排序，分别纳入部门项目库和财政项目库管理。

　　第四条　本办法的范围适用于纳入财政预算管理或需安排财政预算资金的拟新出台的特定目标类重大项目（政策）。

　　第五条　事前绩效评估的分类和职责划分。

　　（一）事前评估按实施主体分类，分为财政部门组织开展事前评估、预算部门组织开展事前评估和其他部门组织开展事前评估；按评估对象分类，分为项目事前评估和政策事前评估。

　　（二）财政厅负责制定本级事前绩效评估管理办法和工作流程；指导督促本级部门、单位实施事前评估；对部门提交的事前评估报告进行审核；根据自治区党委、政府工作部署和实际工作需要，对认为有必要直接评估和重新进行评估的重大项目（政策），可直接开展或组织第三方机构独立开展事前绩效评估。

（三）本级预算部门、单位负责制定本部门、本单位事前评估实施细则；开展本部门、本单位职能范围内拟新出台的重大项目（政策）的事前评估；向财政部门报送事前绩效评估报告并配合财政厅完成事前评估报告审核。

（四）其他部门自行开展需由自治区财政资金扶持的重大项目（政策）事前评估。

（五）政府投资项目事前绩效评估，预算部门应按照政府投资项目管理和政府投资项目预算管理等相关规定，结合可行性研究开展。

第六条 事前绩效评估应当遵循的基本原则。

（一）依据充分。事前绩效评估应以相关法律、法规、规章以及中央、自治区相关文件等为依据。在评估过程中，应收集足够的相关文件及翔实的佐证资料，为评估结论提供充分的依据支持。

（二）科学规范。事前绩效评估应按照规范的程序，采用定性与定量相结合的评估方法，科学、合理地进行。

（三）精简高效。事前绩效评估的重点是评估政策、项目的必要性和预算的准确性，在实施过程中，应注意与现有审批、决策等程序的融合，简化流程和方法，在保证质量的前提下做到"随申报、随评估、随入库"，提高评估工作的效率。

（四）客观公正。事前绩效评估要以事实为依据，遵循"独立、客观、公正、公平"的原则，利益相关方不得影响评估过程和评估结果。

（五）权责对等。事前评估要明确各方职责，清晰界定权责边界，财政厅、本级预算部门、单位以及其他部门对其主导开展的评估工作负有管理自主权，并对评估结果负责。

第七条 事前绩效评估的主要依据。

（一）国家相关法律、法规和规章制度；

（二）自治区党委、政府制定的重大战略决策部署、国民经济与社会发展规划和方针政策等；

（三）自治区财政厅制定的预算管理制度、资金及财务管理办法等；

（四）部门单位的职责、年度工作计划和中长期发展规划等；

（五）政府投资等行业主管部门出台的相关行业政策、行业标准及专业技术规范等；

（六）其他依据。

第二章　事前绩效评估对象、内容和方法

第八条 事前绩效评估的对象为纳入财政预算管理或需安排财政预算资金的拟新

出台的重大项目（政策）。事前绩效评估以拟列入预算的民生类、环保类、城市建设服务类等社会关注度较高、金额较大的项目（政策）为重点。

第九条 项目事前评估的基本内容。

（一）绩效目标合理性。评估项目是否有明确的绩效目标，绩效目标是否与部门单位的职责和中长期规划目标、年度工作目标相匹配，是否能够准确衡量实际工作的需要，绩效目标的产出和效益是否明确合规、合理、可行，细化量化，是否具有前瞻性。

（二）项目预算科学性。主要评估项目预算编制是否符合预算管理、地方政府债务管理等相关规定，依据是否充分，费用测算标准是否合理等。

（三）立项必要性。评估项目申请立项依据是否充分，是否符合自治区党委、政府重大决策部署，是否符合国民经济和社会发展规划，是否符合"集中财力办大事"财政政策体系要求，是否有明显的经济、社会、生态效益或可持续影响。

（四）实施方案可行性。评估立项实施的方案是否科学、合理、可行，人、财、物等基础保障条件是否具备，相关管理制度是否健全、有效，有无不确定因素和风险。

（五）筹资合规性。评估项目的筹资行为是否符合预算法、地方政府债务管理相关规定，筹资规模是否合理，资金来源是否合法合规，其中财政性资金支持方式及相关配套经费保障渠道是否可行；按规定需开展财政承受能力评估和债务风险评估的，应通过财政承受能力评估和债务风险评估。

（六）其他需评估的内容。

第十条 政策事前评估的基本内容

（一）政策目标合理性。主要评估政策是否有明确的受益范围或对象，是否具有公共属性，绩效目标是否清晰明确，绩效指标是否细化量化、是否分解落实到具体任务，绩效目标和指标是否合理可行，预期绩效是否显著等。

（二）政策设立必要性。主要评估政策设立是否具有现实需要，与国家法律法规、国民经济和社会发展规划及行业规划等是否相符，与政策主体部门职能是否相符，与其他政策是否交叉重叠，是否经过充分调研论证。

（三）政策资金合规性。主要评估政策是否属于财政支持范围，财权与事权是否匹配，支持方式是否合理，资金分配依据和投入产出比是否合理等。

（四）政策保障充分性。主要评估政策组织架构、运行机制、技术路线选择、计划进度安排等是否能保障政策有效落实，风险分析是否全面深入、应对措施是否有效等。

（五）政策的可持续性。主要评估政策实施是否有可持续的组织保障环境，是否考虑了政策后续执行的相关风险，政策实施是否具备可持续的人员、资金、技术等条件和能力。

第十一条 事前绩效评估可采取聘请专家、网络调查、电话咨询、召开座谈会、问卷调查、人大代表和政协委员参与等方式。

（一）聘请专家，是指邀请技术、管理和财务等方面的专家参与事前评估工作，提供专业支持。

（二）网络调查，是指通过互联网及相关媒体开展调查，向评估对象利益相关方了解情况或征询意见。

（三）电话咨询，是指通过电话对专业人士、评估对象及其他相关方进行咨询。

（四）召开座谈会，是指由第三方组织特定人员或专家座谈，对评估项目集中发表意见和建议。

（五）问卷调查，是指调查者运用统一设计的问卷向评估对象利益相关方了解情况或征询意见。

（六）人大代表和政协委员参与，是指邀请人大代表和政协委员参与事前评估工作，人大代表和政协委员可分别从预算监督和民主监督的角度提出意见和建议。

第十二条 事前绩效评估方法包括成本效益分析法、比较法、因素分析法、最低成本法、公众评判法等。

（一）成本效益分析法，是指将政策和项目存续期内的支出与效益进行对比分析，以评估政策和项目的资金及管理效率。

（二）比较法，是指通过对绩效目标与预期实施效果、历史与当期情况、不同部门与地区同类政策和项目安排的比较，综合分析政策和项目的绩效情况。

（三）因素分析法，是指通过综合分析影响政策和项目绩效目标实现、实施效果的内外因素，对政策和项目进行评估。

（四）最低成本法，是指对预期效益不易计量的政策和项目，通过综合分析测算其最低实施成本，对政策和项目进行评估。

（五）公众评判法，是指通过专家评估、公众问卷及抽样调查等方式，对政策和项目进行评估。

第十三条 事前评估的基本流程。评估实施主体确定评估对象，组建事前评估工作组；申报单位按要求提供相关材料；工作组对资料进行审核，开展评估论证，并出具事前评估结论和报告。

第十四条 事前绩效评估可以根据评估对象的具体情况，采用一种或多种方式、方法进行评估，如财政部另有规定，遵照执行。

第三章 事前绩效评估报告

第十五条 事前绩效评估报告包含正文和附件两部分，具体格式由财政厅统一制定。

正文包括评估对象概况、评估的方式方法、评估的内容及结论、评估的相关建议以及其他需要说明的问题。报告撰写应依据充分、真实完整、数据准确、分析透彻、逻辑清晰、客观公正。

附件包括政策和项目相关申报资料、评估专家意见、人大代表和政协委员意见等其他佐证材料。

第十六条 部门、单位应对事前绩效评估报告真实性、合法性、完整性负责。

第四章 事前绩效评估审核与结果应用

第十七条 自治区财政厅要加强对新增重大项目（政策）的审核，重点审核立项必要性、项目预算科学性、绩效目标合理性、实施方案可行性、筹资合规性等情况，审核评估报告是否内容完整、数据准确，论证逻辑是否清晰透彻、论证依据是否充分合理、评估结论是否客观可信。

财政厅审核部门、单位提供的事前评估报告，对论证不充分、无法有效支撑评估结论、建议调整完善后予以支持的项目（政策），出具审核意见后予以退回，部门单位按要求调整完善后，仍不符合要求的，不再受理；对审核认定同意纳入财政项目库的项目（政策），在年度预算安排时予以统筹考虑。

第十八条 事前绩效评估结论分为：予以支持、部分支持和不予支持三种。对于立项必要性充分、实施方案可行性强、绩效目标明确合理、投入产出比较高的项目（政策），应予以支持；对于项目（政策）在部分内容上，立项必要性充分、实施方案可行性强、绩效目标明确合理、投入产出比高的，可予以部分支持；对于立项必要性不够充分、实施方案可行性不强、绩效目标不够明确合理、投入产出比较低或不属于财政支持范围的项目（政策），应不予支持。

评估得分是工作组或专家组根据评估指标体系，对评估内容和要点进行评分得出的结果（评估结果采取百分制），其中90分—100分为"优秀"、80分—90分（不含）为"良好"、70分—80分（不含）为"一般"、60分—70分（不含）为"较差"。评估得分作为问题分析和对同类项目（政策）进行对比分析的主要依据。

第十九条 部门、单位组织开展事前评估，结论为"予以支持"或"部分支持"的，按照评估得分排序，纳入部门项目库管理并报送财政厅审核，作为本部门本单位申报项目的参考依据；评估结论为"不予支持"的，不得纳入项目库管理，未纳入项目库管理的项目不得申请项目预算。

财政厅自行组织开展的事前评估，结论为"予以支持"或"部分支持"的，纳入自治区财政项目库管理，并结合评估得分，在安排年度预算时予以优先考虑；评估结论为"不予支持"的，不得纳入年度预算安排。

其他部门组织的事前评估，评估结果应用由部门根据实际情况制定。评估结果作为安排预算的必备要件，并报财政部门备案。

第二十条 财政厅应当及时整理、归纳、分析、反馈事前评估结果，并将其作为预算安排和改进管理的重要依据。

第二十一条 本级预算部门和单位应根据事前评估结果，改进管理工作，调整和优化本部门预算支出结构，合理配置资源。

第二十二条 按照《自治区本级预算绩效管理信息公开管理办法》的要求，将事前评估结果在一定范围内公布。

第五章 事前评估行为规范

第二十三条 事前评估中介机构、专家和参与事前评估工作的相关人员应当按照独立、客观、公正的原则开展工作，严守职业道德，遵守保密纪律。违反上述规定的，财政部门应当视情节轻重，终止委托合同、取消事前评估资格等处理；有违法违纪行为的，移交有关部门处理。

第二十四条 对在事前评估过程中弄虚作假，干扰、阻碍事前评估工作的部门、单位，予以问责。

第六章 附 则

第二十五条 本办法由自治区财政厅负责解释。

第二十六条 各盟市、旗县（区）各部门可结合实际，制定具体的实施细则。

第二十七条 本办法自发布之日起 30 日之后施行。

附件：1. 事前绩效评估工作流程
      2. 事前绩效评估工作方案（参考范本）
      3. 财政支出项目事前评估评分指标体系
      4. 财政支出政策事前评估评分指标体系
      5. 项目事前绩效评估报告参考范文
      6. 政策事前绩效评估报告参考范文

附件 1

事前绩效评估工作流程

为指导事前绩效评估（以下简称"事前评估"）工作有效开展，提高评估工作质量，根据《内蒙古自治区本级财政支出事前绩效评估管理办法》，制定事前评估工作流程，供相关部门参考。

事前评估工作包括事前评估准备、事前评估实施、事前评估总结和应用三个阶段。

一、事前评估准备阶段

（一）确定评估对象。各部门、各单位确定纳入事前评估的对象。

（二）成立评估工作组。各部门、各单位组织成立事前评估工作组，负责组织落实具体评估工作，确保评估工作顺利实施。

（三）制定工作方案。各部门、各单位根据具体评估任务，制定事前评估工作方案，明确评估目的、内容、时间安排和工作要求等具体事项。

二、事前评估实施阶段

（一）组建专家组。事前评估可组织专家参与，原则上专家组成员数量为不少于 5 人的奇数，包括业务专家、管理专家和财政财务专家。事前评估工作组应与专家签署《专家承诺书》，并适时对专家进行业务培训。

（二）收集审核资料。申报单位按要求提供相关材料；事前评估工作组对资料进行审核、整理。此外，事前评估工作组应通过咨询专业人士、查阅资料、问卷调查、电话采访、集中座谈等方式，多渠道获取相关信息。咨询专业人士，主要是指通过咨询行业内专业人士，了解相关背景，准确把握项目或政策特点；查阅资料，主要是指通过图书馆、电子书库、网络等多种手段，收集查阅项目或政策背景、国内外现状、同类或类似项目（政策）做法等资料，对项目（政策）进行充分了解；问卷调查、电话采访、集中座谈，主要是指通过对服务对象进行访谈，核实有关情况，了解受益对象的真实想法。

（三）进行现场调研。事前评估工作组视情况开展现场调研，实地勘测、核实、了解评估对象的具体内容、申报理由和具体做法、依据等，将现场情况与上报材料进行对比，对疑点问题进行询问，听取并记录申报单位对有关问题的解释和答复。现场调研工作可组织人大代表、政协委员、专家等共同参与。

（四）开展预评估。事前评估工作组视情况开展预评估工作，组织人大代表、政协委员、专家组或聘请中介机构对相关数据进行摘录、汇总、分析。对于资料不全或不符合要求的，事前评估工作组明确列出需补充的资料内容，要求申报单位在 5 个工作日内补充上报，逾期不提供视同资料缺失。

（五）开展正式评估。事前评估工作组充分收集分析资料、现场调研，并组织申报单位、人大代表、政协委员、专家组或聘请中介机构召开评估会。申报单位汇报绩效目标、实施方案、预算编制等情况；事前评估工作组组织人大代表、政协委员、专家组就具体问题和申报单位进行沟通交流。在此基础上，专家组对事前评估对象进行打分，讨论形成《事前绩效评估意见》。

三、事前评估总结及应用阶段

（一）撰写报告。事前评估工作组整理评估意见，形成最终评估结论，并参照《事前绩效评估报告参考范本》撰写事前评估报告，整理事前评估资料。

（二）结果应用。各部门、各单位将评估结论为"予以支持"或"部分支持"的评估结果纳入项目库管理，作为财政部门安排年度预算的依据。

附件 2

事前绩效评估工作方案
（参考范本）

一、事前绩效评估目的

二、事前绩效评估对象

（要求：明确事前绩效评估项目或政策概况，包括主管部门、实施单位、项目或政策名称、预算等基本信息。）

三、事前绩效评估依据

（要求：列示考评依据的文件和材料）

四、事前绩效评估原则

五、事前绩效评估方式方法

（要求：明确拟运用的评估方式和方法）

六、事前绩效评估内容及重点

（要求：对评估的主要内容及评估重点进行简要描述）

七、事前绩效评估程序及时间安排

（要求：明确本次评估的详细进度安排）

八、评估人员及措施保障

（要求：明确参与评估的相关人员和职责；明确评估工作的保障措施）

附件 3

<h2 style="text-align:center">财政支出项目事前评估评分指标体系</h2>

一级指标	二级指标	评估要点	分值
立项必要性（20分）	政策相关性	是否与国家、自治区、相关行业宏观政策相关	5
	职能相关性	是否与主管部门职能、规划及当年重点工作相关	5
	需求相关性	①是否具有现实需求，需求是否迫切；②是否有可替代性；③是否有确定的服务对象或受益对象	5
	财政投入相关性	是否具有公共性，是否属于公共财政支持范围	5
项目预算科学性（20分）	投入合理性	①项目投入资源及成本是否与预期产出及效果相匹配；②投入成本是否合理，成本测算依据是否充分；③其他渠道是否有充分投入	10
	成本控制措施有效性	项目是否采取相关成本控制措施，成本控制措施是否有效	10
绩效目标合理性（20分）	目标明确性	①绩效目标设定是否明确；②与部门长期规划目标、年度工作目标是否一致；③项目受益群体定位是否准确；④绩效目标和指标设置是否与项目高度相关	10
	目标合理性	①绩效目标与项目预计解决的问题是否匹配；②绩效目标与现实需求是否匹配；③绩效目标是否具有一定的前瞻性和挑战性；④绩效指标是否细化、量化，指标值是否合理、可考核	10
实施方案有效性（20分）	实施内容明确性	项目内容是否明确、具体，与绩效目标是否匹配	6
	实施方案可行性	①项目技术路线是否完整、先进、可行、合理，与项目内容及绩效目标是否匹配；②项目组织、进度安排是否合理；③与项目有关的基础设施条件是否能够得以有效保障	7
	过程控制有效性	①项目申报、审批、调整及项目资金申请、审批、拨付等方面已履行或计划履行的程序是否规范；②项目组织机构是否健全、职责分工是否明确、项目人员条件是否与项目有关并得以有效保障；③业务管理制度、技术规程、标准是否健全、完善，以前年度业务制度执行是否出现过问题，相关业务方面问题是否得到有效解决并配有相应的保障措施；④项目执行过程是否设立管控措施、机制等，相关措施、机制是否能够保证项目顺利实施	7
筹资合规性（20分）	筹资合规性	①资金来源渠道是否符合相关规定；②资金筹措程序是否科学规范，是否经过相关论证，论证资料是否齐全；③资金筹措是否体现权责对等，财权和事权是否匹配	10
	财政投入能力	①财政资金配套方式和承受能力是否科学合理；②财政部门和其他部门是否有类似项目资金重复投入；③财政资金支持方式是否科学合理	5
	筹资风险可控性	①对筹资风险认识是否全面；②是否针对预期风险设定应对措施；③应对措施是否可行、有效	5

附件 4

<h3 style="text-align:center">财政支出政策事前评估评分指标体系</h3>

一级指标	二级指标	评估要点	分值
政策设立必要性（20分）	依据充分性	①政策设立是否具有现实需求、需求是否迫切，与政策所要解决的问题是否相对应；②与国家法律法规、国民经济和社会发展总体规划、国家行业规划及自治区经济和社会发展规划等是否相符；③与政策主体（制定/执行）部门职能是否相符；④与其他政策是否存在交叉、重复	10
	决策科学性	①政策是否经过了充分调研；②政策文件的拟定是否经过了评审、专家咨询、询问、问讯或公众听证等环节；③调研报告、可研、评审、批示等相关资料是否齐全；④政策制定主体或牵头主体是否明确，职责是否清晰，责任是否可追溯	10
政策目标合理性（20分）	目标明确性	①是否有明确的受益范围和受益对象，是否具有公共性、无差异性、非排他性；②绩效目标是否明确，是否设定总体目标和阶段性目标，内容是否具体，表述是否准确；③绩效目标是否清晰，能否反映政策的主要内容，是否通过细化、量化、可衡量的绩效指标充分体现了预期产出和效果；④是否将绩效目标及指标细化分解到具体工作任务，各任务之间是否交叉重复、执行主体是否明确、与其职能是否相符 （注：公共性考虑政策实施能够满足社会绝大多数人享受政策效益的程度；无差异性考虑政策受益群体所享受到的效益是否存在明显差异；非排他性考察政策实施是否损害特定群体利益或将其排除在受益范围之外）	10
	目标合理性	①政策目标是否具有前瞻性、系统性及引导性；②政策目标是否体现了政策的稳定性和持续性，如政策总体执行期限、政策当前所处阶段以及政策后期逐步退出等；③预期绩效是否显著，能否体现政策所需解决问题的明显改善；④是否选取最能体现总体目标实现程度的关键指标并明确了指标值，指标值是否符合行业正常水平或事业发展规律	10
政策资金合规性（20分）	财政投入可行性	①是否属于财政资金支持范围,政府与市场边界界定是否清晰；②财政支持方式是否合理；③政策事权与财权是否对应；④是否分析财政承受能力及财政资金风险	10
	资金分配合理性	①资金分配依据是否合理，是否有测算标准或定额标准；②资金分配结果是否与政策目标、政策内容相匹配	10
政策保障充分性（20分）	保障措施得当性	①是否明确了政策组织构架、运行机制以及制度保障；②技术路线是否可行、先进，是否有技术经济性的优化比较；③是否订立明确、合理的计划进度安排；④分析风险是否全面深入、是否有应对措施及应急预案等	20
政策的可持续性（20分）	政策资源可持续性	①政策实施是否有可持续的组织、政策等保障环境；②政策实施是否具备可持续的人员、资金、技术等条件和能力	20

附件 5

项目事前绩效评估报告参考范文

内蒙古××××关于"××××项目"
事前绩效评估报告

评估机构：

委托单位：

评估日期：

项目事前绩效评估报告

一、评估对象

项目名称：

项目绩效目标：

项目资金构成：

项目概况：

二、事前绩效评估的基本情况

（一）评估程序。

（二）评估思路。

（三）评估方式、方法。

三、评估内容和结论

（一）立项必要性。

（二）项目预算科学性。

（三）绩效目标合理性。

（四）实施方案可行性。

（五）筹资合规性。

（六）其他内容。

（七）总体结论。

四、评估的相关建议

五、其他需要说明的问题

（阐述评估工作基本前提、假设、报告适用范围、相关责任以及需要说明的其他问题等）

六、评估人员签名

七、附件材料

（政策或项目相关申报资料、评估专家意见、其他应作为附件的佐证材料）

附件6

政策事前绩效评估报告参考范文

内蒙古××××关于"××××政策"
事前绩效评估报告

评估机构：

委托单位：

评估日期：

政策事前绩效评估报告

一、评估对象

政策名称：

政策绩效目标：

政策资金构成：

政策概况：

二、事前绩效评估的基本情况

（一）评估程序。

（二）评估思路。

（三）评估方式、方法。

三、评估内容和结论

（一）政策设立必要性。

（二）政策目标合理性。

（三）政策资金合规性。

（四）政策保障充分性。

（五）政策的可持续性。

（六）其他内容。

（七）总体结论。

四、评估的相关建议

五、其他需要说明的问题

（阐述评估工作基本前提、假设、报告适用范围、相关责任以及需要说明的其他问题等）

六、评估人员签名

七、附件材料

（政策或项目相关申报资料、评估专家意见、其他应作为附件的佐证材料）